Anke Lehne

Zeitgemäße Jagdhundeführung

Anke Lehne

Zeitgemäße Jagdhundeführung

– im Alltag und im Revier

3. Auflage

Oertel+Spörer

Bildnachweis
Titelbild: Dr. Gabriele Lehari
Innenteilbilder:
Dr. Gabriele Lehari S. 9, 14, 17, 23, 24, 27, 28, 30, 32, 35, 39, 41, 44, 45(2), 46(2), 47(2), 50, 51, 55, 66, 67, 69, 72, 73, 77, 78, 80, 83, 84, 86, 88, 91, 92, 94, 97, 99, 100, 102, 108, 113, 115, 116, 117, 119(2), 121, 122, 123, 126(3), 127(3), 128(2), 129(2), 130, 131(2), 132, 135, 141, 142, 144(2), 150(2), 151(2), 154(3), 157, 158, 161, 163(3), 165(2), 168(3), 169, 170, 171, 173, 175, 177, 178(3), 179(3), 180, 182, 187
Carsten Pohlmann S. 20, 148
Alle anderen Bilder von der Autorin.

Haftungsausschluss

Bibliografische Information der Deutschen Nationalbibliothek
Die Deutsche Nationalbibliothek verzeichnet diese Publikation in der Deutschen Nationalbibliografie; detaillierte bibliografische Daten sind im Internet über http://dnb.d-nb.de abrufbar.

Postfach 16 42 · 72706 Reutlingen
3. Auflage

Lektorat: Dr. Gabriele Lehari
DTP und Repro: Oertel+Spörer Verlags-GmbH + Co. KG
Druck und Einband: FINIDR, s.r.o., Tschechische Republik
Printed in Germany
ISBN 978-3-88627-845-9

Inhalt

Wie dieses Buch entstand 9
Einführung 11

Eine solide Basis 14
- **Vertrauen** 14
- **Kommunikation** 15
- **Die Bindung** 17
- **Die Führung** 18

Ein Hund kommt ins Haus 20
- **Eingewöhnung** 21

Grundwissen Lernen 24
- **Warum wird gelernt?** 24
- **Das Kreuz der Umweltantworten** 25
  - Sanktionen 26
  - Belohnungen 28
- **Neuronale Vorgänge beim Lernen** 30
- **Die verschiedenen Arten des Lernens** 31
  - Prägung 32
  - Gewöhnung 33
  - Räumliches Lernen 35
  - Nachahmung 35
  - Assoziation 36
- **Training mit Markersignalen** 38
  - Einsatz des Markers 40
  - Nichts im Leben ist umsonst 40
  - Lernumfeld 41
  - Die passenden Signale 42
  - Zeitfenster 43
  - Premackprinzip 44
  - Phasen des Lernprozesses 48
  - Aufgleisen 49
  - Shaping (Formen) 50
  - Ausstauben 51
  - Festigen 51
  - Generalisieren 52
- **Was tun, wenn der Hund nicht will?** 53

Der Jagdhund im Alltag . . . 55
Umgang mit Familienmitgliedern . . . 55
Wo sich der Hund aufhalten darf . . . 56
Richtig füttern . . . 56
Pflege und Versorgung . . . 58
Entspannung lernen . . . 59
Grenzen akzeptieren . . . 62
Den Hund auf ein Gebiet begrenzen . . . 64
Für sich selbst einen bestimmten Platz abgrenzen . . . 65
Den Zugang zu stofflichen Ressourcen begrenzen . . . 67
Den Zugang zu nichtstofflichen Ressourcen begrenzen . . . 68
Zustimmung – Verneinung . . . 69
Verhalten bei Besuch . . . 71
Transport im Auto . . . 73
Spielen . . . 75
Gassigehen . . . 76

Grundausbildung . . . 78
Rufname (Kommunikationsaufnahme) . . . 78
Stubenreinheit . . . 80
Beißhemmung . . . 81
Leinenführigkeit . . . 82
Kommen . . . 85
An Ort und Stelle verharren . . . 87
Alleinbleiben . . . 89
Maul öffnen („Aus“) . . . 90
Keinen Unrat fressen . . . 93
Frusttoleranz . . . 95
Impulskontrolle . . . 96

Anlagenförderung für Jagdgebrauchshunde . . . 100
Nasenarbeit . . . 101
Schleppen . . . 101
Verweisen . . . 104
Führerfährte . . . 105
Schussfestigkeit . . . 106
Kontakt mit Wild . . . 108
Stöbern . . . 109
Hasenspur . . . 112

Bringfreude 114
Objektspiele im Haus 115
Apportierspiele draußen 116
Mit Dummy arbeiten 117
Gewöhnung an Wasser 118
Gewöhnung an Dornen 121
Vorstehen 122
Quersuche 128
Bauarbeit 130

Der Jagdgebrauchshund im Revier 132
Zwingergewöhnung 132
Verhalten im Revier 133
Sitz 133
Pirschen 135
Freifolge 140
Down 140
Standruhe 143
Ablegen 146
Arbeit vor dem Schuss 148
Stöbern 148
Feldsuche 150
Buschieren 153
Stöbern im Wasser 155
Brackieren 157
Bauarbeit 157
Arbeit nach dem Schuss 158
Apport von Niederwild 158
Einweisen 166
Freiverlorensuche 168
Fuchsapport 170
Nachsuche auf Niederwild 174
Nachsuche auf Schalenwild 176
Prüfungen 181

Jagdliches Problemverhalten 182
Schussscheu 182
Schusshitzigkeit 184
Knautschen 185

Anschneiden 185
Anschneidender Apporteur 185
Anschneidender Stöber- oder Schweißhund 186
Totengräber 188
Blinker 188
Blender 189

Anhang 190
Sozialisierung und Gewöhnung 190
Glossar 193
Zum Schluss 196
Literatur 197

Wie dieses Buch entstand

Seit Kindesbeinen an lebe ich mit Hunden zusammen. Einige Zeit habe ich zusätzlich ehrenamtlich die großen und/oder problematischen Hunde im Tierheim mit betreut. Außerdem war ich jahrelang im Hundesport aktiv und bin nun schon seit über zehn Jahren jagdlich mit Hunden unterwegs.

Lange half ich anderen Hundehaltern privat bei Problemen, besuchte Fortbildungen und las Fachbücher, um mich dann mit „Canine Companion“ – der Schule für Hund und Halter im Landkreis Schwäbisch Hall – selbstständig zu machen. Mein Arbeitsschwerpunkt liegt bei sogenanntem Problemverhalten wie Aggression, Angst und unerwünschtem Jagdverhalten, aber eben auch bei der Ausbildung von Jagdgebrauchshunden.

Ich selbst widme mich mit meinen Hunden fast ausschließlich der Waldjagd und der Nachsuche auf Schalenwild. Trotzdem bekam ich immer öfter auch Nachfragen zum Thema Feld- und Wasserjagd, wenn Hundeführer und/oder Hund mit den tradierten Trainingsmethoden aus verschiedensten Gründen gescheitert waren.

Erfreulicherweise treffe ich immer häufiger auf Menschen, die vergleichbare Ansichten und Trainingsansätze wie ich verfolgen, sodass es zu einem regen Austausch auch über selbst nicht oder nur selten ausgeübte Jagdarten mit Hunden kam. An dieser Stelle noch einmal vielen Dank dafür! Davon haben sicherlich alle Beteiligten profitiert.

Die Theorien in diesem Buch entstammen also nicht nur meinem Geist, sondern sind bunt gemischt mit den Erfahrungswerten anderer Hundeleute, die ich getroffen, gesehen, gehört oder gelesen und in mein Konzept integriert habe.

Dieses Konzept ist entsprechend nicht starr für alle Ewigkeit, sondern entwickelt sich mit jeder Erfahrung weiter, muss auf jedes Team passend abgestimmt werden. Rückmeldungen aus der Praxis sind demnach immer wichtig!

Daher auch Dank an die kritischen Zweifler, die immer neue Situationen darstellten, wo dieser „softe“ Ausbildungsansatz ihrer Meinung nach zum Scheitern verurteilt sei. So konnte auch dies intensiv durchdacht und in der Praxis mit entsprechenden Teams überprüft werden.

Mittlerweile hat das alles Formen angenommen, sodass interessierte Nachfragen nicht mehr eben schnell beantwortet werden konnten. Der Ruf nach einem Buch wurde laut – hier ist es nun.

Danke natürlich auch an meine vierbeinigen Lehrmeister, meine eigenen Hunde und alle, die ich ein Stück ihres Weges begleiten durfte.

Einführung

„Wege entstehen dadurch, dass man sie geht!“
Franz Kafka

Dieses Buch richtet sich an Jäger, die mehr wollen als einen funktionierenden Jagdgebrauchshund und denen im Zweifel eine harmonische Beziehung zu ihrem Tier wichtiger ist als seine Einsatzfähigkeit um jeden Preis; an Menschen, die bereit sind, möglicherweise mehr an sich selbst als am Hund zu arbeiten; an Hundeführer, welche die Ausdauer und Konsequenz haben, sich erst umfassend zu informieren, um dieses Konzept mit seinen vielen ineinandergreifenden Puzzleteilen komplett zu erfassen und zu verstehen, bevor sie es umsetzen. Und es ist für diejenigen, die sich Dinge trauen, die noch nicht millionenfach erprobt sind, für die es nicht an jeder Ecke Gebrauchsanweisungen gibt; für Leute, welche die Stärke haben, aus innerer Überzeugung ihren eigenen Weg zu gehen, und für all diejenigen, die sich die Zeit nehmen, die es braucht.

Vertrauensvolle Bindung!

Mein Ziel ist die Führung und Ausbildung eines Jagdgebrauchshundes auf der Basis von Vertrauen, Kommunikation und Bindung durch bewusste Anwendung der Lerngesetze. Die Kenntnis und gezielte Befriedigung der individuellen Bedürfnisse meines Hundes sind dabei der Schlüssel zum Erfolg, damit sich mein Hund gern und freiwillig von mir leiten lässt.

Weil ich auf Absicherungen mit Sanktionen möglichst verzichten will, muss mein primäres Ziel die Vermittlung der Teamarbeit unter meiner Anleitung sein. Ich bilde ein mentales Band, das fester hält als jede Leine. Das Fördern und Zurechtfeilen des später gewünschten Jagdverhaltens kommt erst an zweiter Stelle.

Es darf besonders während des Aufbaus keine Möglichkeit zur freien Jagd ohne meine klare Erlaubnis geben, denn Jagd findet nur im Team statt. Dies ist deshalb so wichtig, weil Suche, Hetzen und gar Töten extrem selbstbelohnend auf den Hund wirken. Hat er einmal erkannt, dass er sich diesen Kick auch völlig losgelöst von mir holen kann, wird es sehr schwierig, manchmal auch unmöglich, ihn ohne Zwangsmaßnahmen noch vom Vorteil der Zusammenarbeit mit mir zu überzeugen! Durch entsprechende Rituale lernt mein Hund, wann welches Verhalten für ihn zielführend ist. Er kann so später problemlos unterscheiden, ob wir gerade spazieren gehen, pirschen oder bei einer Drückjagd durchgehen.

Von einem alten Schutzhundeausbilder hab ich vor langer Zeit gelernt: „Vier Jahre hast Du einen jungen Hund, vier Jahre einen guten Hund und vier Jahre einen alten Hund.“ Und er hatte recht: Es braucht einfach Zeit und noch einmal

Ein eingespieltes Team wieder vereint am Ende der Jagd.

Zeit, um aus einem unbedarften Welpen, einen verlässlich arbeitenden Hund zu machen. Für eine umfassende, fundierte Ausbildung muss ich durchaus zwei bis drei Jahre rechnen, gefolgt von ein bis zwei Jahren intensiver Praxis, abhängig davon, wie viel Praxis ich meinem Hund tatsächlich bieten kann. Dann habe ich einen „guten" Hund, an dessen Verhalten ich nicht lebenslang weiter rumzudoktern brauche. Wir sind zu einem eingespielten Team verwachsen und mein Hund kennt seine Aufgaben darin. Meisterschaft erlangt nur, wer sich entsprechend übt. Das gilt für Mensch und Hund gleichermaßen.

Da die individuellen Bedürfnisse eines Jagdhundes nicht davon abhängen, ob sein Mensch einen Jagdschein besitzt oder die Jagd ausübt, bietet der hier beschriebene Ansatz auch für Nicht-Jäger hilfreiche Einblicke und Ansätze. Da ihnen die hochwirksame Belohnung durch Arbeit an Wild regulär nicht zugänglich ist, müssen sie sich intensiv um geeignete Ersatzbefriedigung dieses hundlichen Bedürfnisses bemühen.

Am Ende der jeweiligen Kapitel zur Ausbildung eines Jagdgebrauchshundes stelle ich daher entsprechende Möglichkeiten vor. Bezüglich der landesspezifischen Regelungen, ob, wann und unter welchen Umständen welche Flächen mit einem Hund betreten werden dürfen, sollte man sich bei den entsprechenden Behörden vorab informieren.

Eine solide Basis

Wenn ich etwas möglichst Langlebiges aufbauen will, dann muss ich mir ein entsprechend tragfähiges Fundament erstellen. Ohne eine solide Basis ist auch bei der Führung und Ausbildung von Hunden alles mühselig Erschaffene von Anbeginn zum Scheitern verurteilt.

Vertrauen

Vertrauen ist Grundlage und Ziel meiner Arbeit. Ich brauche es anfangs in einem minimalen Umfang von meinem Hund, um überhaupt mit ihm sinnvoll zu agieren. Hat er nicht ein klitzekleines bisschen Vertrauen zu mir, wird er mich komplett meiden. Vertrauen heißt, sich wenigstens in der gegebenen Situation sicher zu sein, dass der andere einem zumindest nichts Schlechtes will.

Das ist zwar wenig, aber darauf kann ich aufbauen, wenn auch ich Vertrauen in mich und meine Fähigkeiten habe. Dieses Extrem betrifft beispielsweise Hunde, die bisher wenig mit Menschen zu tun hatten oder überwiegend Schlechtes von ihnen erfahren haben.

Durch mein Verhalten, durch meine Reaktionen auf das Verhalten meines Hundes wächst sein Vertrauen zu mir. Durch sein Verhalten und seine Reaktionen auf mein Verhalten wächst mein Vertrauen zu ihm. Vertrauenswürdig zu sein, heißt berechenbar zu sein. Mein Ziel ist höchstmögliches, gegenseitiges Vertrauen in möglichst allen noch so schwierigen Situationen. Wir verwachsen zu einem eingespielten Team, das jedes noch so erschütternde Erlebnis gemeinsam durchsteht, da man sich auf seinen Partner verlassen kann.

Vertrauen ist eine der wichtigsten Grundlagen für eine solide Ausbildung.

Ohne dieses Vertrauen zu wissen, dass ich ihm prinzipiell nur Gutes will, kann ich einen Hund nicht davon überzeugen, sich meiner Führung freiwillig anzuschließen. Vertrauen ist ein hohes Gut, das besonders im Aufbau sehr leicht erschüttert werden kann. Dass dies passiert ist, lässt sich leider oft erst in kritischen Situationen erkennen, wenn sich der eine dem anderen plötzlich nicht mehr anschließt, sondern weicht und neue, eigene Lösungswege sucht.

Wurde Vertrauen angeknackst, so muss ich primär diesen Fehler wieder ausbügeln, bevor sich diese Risse gar noch erweitern. Denn genauso, wie sich gegenseitiges Vertrauen Schritt für Schritt, Quidproquo, aufbaut, so passiert dies auch mit Misstrauen. Misstrauen kann aber nie Basis für eine harmonische Beziehung sein.

Kommunikation

Um im vertrauten Team agieren zu können, muss ich meinen Partner verstehen und er mich. Wir müssen kommunizieren können. Ein Hund kann seine Art der Kommunikation nur schwerlich der menschlichen anpassen. Er wird immer wie ein Hund auf mich reagieren. Also muss ich mich bemühen, so mit meinem Hund zu kommunizieren, dass er mich verstehen kann.

Als Mensch bediene ich mich überwiegend der gesprochenen Sprache, um mich anderen Menschen verständlich zu machen. Hunde können zwar lernen, einzelne Worte zu verstehen und bestimmte Dinge mit ihnen zu verknüpfen, doch ihre Präferenz liegt eigentlich in der fein dosierten Körpersprache. Diese lesen sie automatisch ständig aus, vermutlich ein Erbe aus Zeiten, in denen die Hunde sich noch nicht den Menschen angeschlossen hatten und als Meute ihr Futter erjagten. Die Jagd wäre sicherlich deutlich erschwert gewesen, hätten die Beutetiere die Jäger anhand akustischer Signale oder auffälliger Körpersprache frühzeitig bemerken können.

Und genau so ist es, wenn ich heute als Jäger mit meinem Hund dem Wild nachstelle: Ich versuche möglichst leise und unauffällig zu sein. Es macht also gleich doppelten Sinn, wenn ich mich um eine eher hundgemäße Kommunikation bemühe. Mein persönliches Ziel ist es, so fein mit meinem Hund zu kommunizieren, dass Außenstehende die Signale fast nicht mehr bemerken, quasi Gedankenübertragung vermuten.

Natürlich läuft Kommunikation nicht nur in eine Richtung. Nicht nur ich sende Signale, die der Hund verstehen und auf die er entsprechend reagieren soll, sondern auch umgekehrt. Aber wie schon gesagt, der Hund kann sich mir hier nur schwer anpassen. Also muss ich lernen, einen Hund im Allgemeinen und meinen im Besondern zu lesen und zu verstehen. Dazu muss ich mich mit der Körpersprache und dem Wesen der Hunde gezielt auseinandersetzen, hierzu gibt es bereits verschiedene gute Literatur und Filmmaterial.

Zu einer vertrauensvollen Kommunikation gehört es natürlich auch, dass beide Parteien ihre Befindlichkeit äußern dürfen. Mein Hund darf mir sagen, wenn er

Angst hat, sich bedroht fühlt oder etwas nicht will. Er darf seinen Unmut äußern. Dazu gehören auch Steifwerden, Brummen, Knurren, im äußersten Falle sogar Schnappen. Denn nur, wenn ich diese Hinweise zulasse, kann ich ahnen, was in meinem Hund vorgeht, wann er Stress hat, und eingreifen, bevor es tatsächlich zur Eskalation mit Beschädigungsbeißen kommt. Nur dann weiß ich, dass ich mit dem Hund diese Situation gezielt trainieren muss, damit er sich in Zukunft sicherer fühlt und gelassener bleiben kann.

Unterbinde ich hingegen diese Kommunikation, ändere ich nichts an seiner Befindlichkeit. Er fühlt immer noch dasselbe, nur kann ich nicht mehr merken, wann seine Toleranzgrenze erreicht ist. Er wird eines Tages ohne Vorwarnung überreagieren.

Verständlicherweise kann ich mich als Mensch auch bei größter Anstrengung nie so mit meinem Körper und mit meiner Mimik ausdrücken wie ein Hund. Schließlich unterscheiden wir uns anatomisch doch sehr. Dennoch können Hunde menschliche Körpersprache ziemlich gut deuten. Ein festes In-die-Augen-Sehen wird als eine Ansprache verstanden, der weitere Informationen folgen. Ein weicher, abgewandter Blick wirkt eher beruhigend. Ein aufrechter, gespannter Körper, frontal, mit dem Körperschwerpunkt auf das Gegenüber ausgerichtet, signalisiert: „Bleib mir vom Leib", „Bleib von meiner Ressource weg", „Entferne dich", „Im Zweifel nehme ich es mit dir auf". Dagegen sagt ein entspannter Körper, vom Gegenüber abgedreht, den Schwerpunkt auch von diesem weg verlagert: „Du kannst dich annähern, ich tue dir nichts".

Ich kann also ohne weiteres Training mit dem Hund Kontakt aufnehmen und ihn zum Kommen, Bleiben oder Weichen bewegen – zumindest dann, wenn er nicht schon gelernt hat, die menschliche Körpersprache als irrelevant einzustufen. Dies passiert zum Beispiel dann, wenn man zwar will, dass der Hund zu einem kommt und ihn ruft, gleichzeitig aber frontal vor ihm steht und sich gar noch über ihn beugt. Der Hund macht als geborener Körpersprachler eher das, was er dort ablesen kann, nämlich wegbleiben oder sogar weichen, mit der Konsequenz, dass er dafür oft Ärger bekommt, weil er den Ruf „Komm her" nicht befolgt. Wenn mein Hund nicht wie eigentlich von mir erwartet reagiert, überlege ich daher, ob ich mich für ihn vielleicht unverständlich ausgedrückt habe.

Des Weiteren kann ich die Aufmerksamkeit eines Hundes auf etwas lenken, indem ich meinen Körper und alle meine Sinne gespannt darauf ausrichte. So signalisiere ich, dass da etwas für mich sehr Spannendes ist, was Hunde in der Regel dazu animiert, ihre Aufmerksamkeit ebenfalls darauf zu richten. Durch selbstbewusstes, kräftiges Ausschreiten in eine Richtung lassen sich viele Hunde zum Mitgehen bewegen, falls sie nicht anderweitig Interessanteres wahrnehmen.

Nur durch richtige Kommunikation ist eine sinnvolle Arbeit mit dem Hund möglich.

Allerdings kann ich beschränkt auf solch natürliche Kommunikation keine komplexeren Verhaltensweisen auslösen, wie ich sie im Zusammenleben und auf der Jagd mit dem Hund brauche. Hier muss der Hund lernen und ich muss einen Weg finden zu lehren. Wir brauchen also eine weitere Kommunikationsbasis, mit der ich dem Hund sagen kann: „Das, was du momentan tust, ist richtig, von mir gerade erwünscht“ oder auch „Das, was du gerade tust, ist nicht richtig, von mir unerwünscht und wird dich nicht weiterbringen“.

So kann ich ihm Schritt für Schritt die Regeln unseres Zusammenlebens erklären und bestimmte Verhaltensweisen durch spezielle Signale sicher auslösen. Mehr dazu folgt im Kapitel „Grundwissen Lernen“.

Die Bindung

Habe ich das Vertrauen als Grundlage, interagiere ich mit meinem Hund, pflege ich die Kommunikation und damit auch wieder das gegenseitige Vertrauen, so bauen wir eine Bindung auf. Wir werden zunehmend Freunde und bald auch ein Team.

Dies geht umso schneller, je mehr Zeit ich intensiv mit meinem Hund verbringe. Daher ist es auch logisch, dass ich meinen Hund sicherlich nicht ausschließlich im Zwinger halte oder zu Beginn unserer Beziehung gleich Vollzeit arbeiten gehe und ihn zurücklasse.

Je weniger Zeit ich quantitativ für meinen Hund habe, desto qualitativer muss ich sie mit ihm verbringen. Wie stark Hunde diese Qualität gewichten, sieht man in Haushalten, wo Person A den Hund zwar tagsüber viele Stunden betreut, aber Person B abends die jagdlichen Aktivitäten mit dem Vierläufer übernimmt – meist ist Letzterer für den Hund die wichtigere Bezugsperson.

Bindungsfördernd ist es, dem Hund das Kontaktliegen zu erlauben, wenn er es möchte, mit ihm zu schmusen, zu balgen, zweckfrei zu spielen – einfach in positiver Stimmung gemeinsame Zeit zu verbringen, die Welt zu erkunden.

Mit der wachsenden Bindung wächst auch die Bereitschaft meines Hundes, mir – wenn möglich – die Führung zu überlassen.

Die Führung

Für manchen mag der Gedanke an eine gleichberechtigte Partnerschaft mit dem Hund verlockend klingen. Dabei ergeben sich aber zwei Probleme.

Zum einen lebe ich mit meinem Hund in menschlicher Gesellschaft in einem dicht besiedelten Land. Meine Freiheit der Hundehaltung hört also da auf, wo ich die Freiheit der anderen Menschen einschränke. Mein Hund muss sich demnach angepasst verhalten, darf nicht nach Lust und Laune seinen tierischen Instinkten und Verhaltensweisen nachgeben. Ich kann ihm diese Notwendigkeit aber weder erklären, noch kann er sie durch Intellekt einsehen. Mir bleibt also schon aus diesem Grund nichts anderes übrig, als die Führung in unserem Team zu übernehmen und meinen Hund entsprechend anzuleiten, damit wir nicht mit der Gesellschaft oder Gesetzen in Konflikt geraten.

Zum anderen sind Hunde soziale Lebewesen, für die es in der Regel deutlich entspannender ist, wenn sie sich vertrauensvoll einem geeigneten Anführer anschließen können und wenn sie sich anbahnende Konflikte nicht selbst lösen müssen.

Aber auch wenn sich die meisten Hunde prinzipiell gern führen ließen, so haben sie dennoch einen gewissen Anspruch an einen in ihren Augen geeigneten Führer. Dieser Anspruch differiert zwar je nach Rassezugehörigkeit und Typ etwas, aber im Wesentlichen muss der Anführer, dem sie sich freiwillig anvertrauen, bestimmte Qualitäten zeigen. Je mehr Mängel mein Führungsstil aufweist, desto weniger wird sich mein Hund auch in kritischen, aufregenden oder ablenkenden Situationen von mir leiten lassen.

Im Grunde unterscheiden sich die Ansprüche eines Hundes an einen geeigneten Anführer nicht von denen, die ich selbst an einen solchen stelle. Er ist souverän, selbstsicher und selbstbewusst. Er bleibt auch in kritischen Situationen emotional ausgeglichen, reagiert berechenbar, konsequent und fair. Er ist autokratisch, aber nicht despotisch, er setzt sich durch, doch ohne Gewalt und nicht um jeden Preis. Er will führen.

Bei manchen Hunden reicht es, dass ich mich um diese Eigenschaften bemühe, sie vielleicht auch nur vorspiele. Aber sehr viele Hunde spüren und riechen, wie echt und authentisch ich in Wirklichkeit bin. Sie lassen sich kaum täuschen und geben im Zweifelsfall die Führung entsprechend doch nicht an mich ab und lösen Probleme selbst.

Manche Hunde kann ich über gezieltes Training dennoch im Griff behalten. Doch bei einigen Hunden stößt man hier an Grenzen. Jetzt liegt es an mir, inwieweit ich mich ändern will und kann.

Wenn ich mich entschließe, mich zu ändern, so ist dies meist ein längerer und umfassender Prozess, der oft weit mehr als nur den Umgang mit meinem Hund betrifft. Wie will ich ein patenter Teamführer für den Hund sein, wenn ich mich im Alltag mit Problemen rumschlage, Konflikte in der Familie, im Freundeskreis oder am Arbeitsplatz habe, Zukunftsängste mich heimsuchen, ich von Geldsorgen geplagt bin, mich oder meine Arbeit nicht anerkannt fühle oder Ähnliches? Wie soll ich emotional ausgeglichen mit meinem Hund arbeiten, wenn ich schon im Alltag ständig aus der Haut fahre, aggressiv werde oder mich eingeschüchtert zurückziehe? Erschwerend kommt hinzu, dass der in meinem Haushalt lebende Hund mich und meine Schwächen, aber natürlich auch Stärken rund um die Uhr wahrnehmen kann. Daher wird es umso schwieriger, ihm etwas vorzuspielen.

Hunde können ziemlich sicher unseren Gemütszustand wahrnehmen, selbst wenn wir scheinbar teilnahmslos da sitzen. Dessen bin ich mir bewusst und verzichte auf Training, wenn ich fühle, dass ich momentan nicht in der geeigneten Verfassung dafür bin. Lieber beschränke ich mich auf Gassi an der Leine und die Bindung fördernde Gemeinsamkeiten. Im Zweifel lasse ich die Finger lieber ganz vom Hund, statt zu zerstören, was ich aufgebaut habe. Ein guter Anführer weiß um seine Schwächen und handelt entsprechend.

In einem guten Team gehört es sich auch, die Verbindung untereinander nicht abreißen zu lassen. Der Teamführer hat die Verantwortung, entsprechende Tendenzen zu bemerken und dann gegenzusteuern. Das betrifft ihn selbstverständlich ebenso selbst, denn ein guter Chef verlangt nichts, was er nicht auch selbst leisten kann. Wie soll mein Hund beispielsweise ruhig und konzentriert arbeiten, wenn ich vor Prüfungsangst kaum weiß, wie ich heiße? Wie soll er gelassen an einem anderen Hund vorbeigehen, wenn mir schon der Schweiß ausbricht?

Führen ist ein Vollzeitjob. Ich kann es nicht auf die Zeiten beschränken, in denen ich etwas von meinem Hund will, denn er nimmt mich als eine Art Gesamtkunstwerk wahr. Das darf sicherlich auch Schwächen oder Fehler haben, aber in der Summe muss es überzeugen.

Ein Hund kommt ins Haus

Im klassischen Fall bekomme ich als Jäger einen Welpen aus einer gesunden Leistungslinie vom anerkannten Züchter. Dieser hat die Kleinen schon auf ihre spätere jagdliche Verwendung und im Idealfall auch schon auf ein Leben innerhalb eines Hauses und einer Familie vorgeprägt. Ich habe also die besten Startbedingungen, mir meinen Wunschhund zu formen.

Diese Brandlbracken-Welpen „vom Wodanshain" lernen schon einen Hasen kennen.

Es gibt aber auch weniger engagierte Züchter, die sich nicht so bemühen und sogar wichtige Vorprägungen vernachlässigen. Vielleicht stammt mein Welpe auch aus dem Tierheim und man weiß nicht einmal etwas Genaueres über Wesen, Gesundheit und Leistung der Eltern. In diesen Fällen muss ich schon mit Defiziten in der Entwicklung rechnen, sie im Umgang berücksichtigen und wenn möglich aufarbeiten.

Dann gibt es die Möglichkeit einen Junghund zu erwerben. Diese Tiere können schon wunderbar vorgeprägt und gefördert sein. Ich kann ihre Anlagen bereits sicherer beurteilen. Vielleicht hat der Hund ja sogar schon eine Jugend- oder Anlagenprüfung mit Bravour bestanden. Sie können aber genauso ohne weitere Ansprache gelebt haben und nur den Zwinger oder Hof vom Züchter kennen. Vielleicht sind sie ein Rückläufer, vielleicht haben sie auch schon Unerwünschtes erlebt oder erlernt, haben gar als Tierschutzhund eine völlig unbekannte

Vorgeschichte, was ich als neuer Halter nun erst, so weit überhaupt möglich, ausbügeln muss.

Und ähnlich wie beim Junghund sieht es bei den erwachsenen Tieren aus. Sie können sehr gut eingearbeitet sein, sodass ich mich als neuer Besitzer „nur" noch als passender Anführer qualifizieren muss. Sie können aber auch schon einige Macken haben, die vielleicht nur schwer oder gar nicht mehr zu beheben sind.

Je weniger ich über die Vergangenheit meines Hundes weiß, je problematischere Verhaltensweisen er schon an den Tag legt, desto mehr Zeit und Aufwand werde ich vermutlich für die Einübung der Regeln des Zusammenlebens im Haushalt und der einzelnen Bausteine der Grundausbildung benötigen. Erst wenn die Grundlagen stimmen, kann ich mit der jagdlichen Ausbildung in vollem Umfang einsteigen und auch hier können schwer oder nicht zu behebende Mängel auftreten.

Richtig kompliziert kann es werden, wenn bereits vom Jäger eingearbeitete Hunde ihr weiteres Leben als Familienhund in Nichtjägerhand führen sollen. Dies wird oft eine Lebensaufgabe, die auch mit professioneller Hilfe vor Ort und noch so vielen Büchern kaum zu bewältigen ist, ganz besonders, wenn es sich um Rassen handelt, die nicht oder nur bedingt mit dem Jäger kooperieren müssen. Doch egal, ob Jäger oder Nichtjäger, ich muss die Bedürfnisse meines Hundes erkennen und ausreichend befriedigen. Ist dies nicht möglich, was sicherlich bei Nichtjägern öfter der Fall sein wird, so muss ich bestmöglichen Ersatz bieten.

Eingewöhnung

Ich bemühe mich immer, dass das neue Familienmitglied mich schon vor seinem endgültigen Umzug ins neue Heim kennenlernen kann. Dazu besuche ich es, wenn möglich, öfter in seinem alten Zuhause und beschäftige mich mit ihm. So kann sich der Hund an mich gewöhnen und hat in der neuen Umgebung dann wenigstens etwas Vertrautes. Zusätzlich kann ich den Wechsel erleichtern, wenn ich seine Decke oder einen Teil davon aus dem vorherigen Heim mitnehme.

Bei Welpen ist dieses Procedere oft üblich. Der Züchter gibt jedem Welpenkäufer ein Stück Decke oder Tuch aus dem Wurflager mit. Warum nicht Vergleichbares beim älteren Hund tun, wenn er einen vertrauten und lieb gewonnen Platz verlassen muss?

Daheim zeige ich dem Neuankömmling zunächst seinen künftigen Ruheplatz. Von dort darf er dann nach und nach mit mir die Wohnung erkunden. „Mit mir", da wir ein Team werden wollen, weil ich der Teamführer werden will, weil es

Bald geht es für die Welpen „vom Löwenberg“ in ihre neuen Familien.

primär mein Heim ist und ich hier die Regel angeben werde. Da sollte ich nicht schon in der ersten Minute genau das Gegenteil tun und dem Hund die Initiative überlassen.

Ich fordere den Hund also auf, den Raum zu erkunden. Hat er dies ausreichend getan und ist er noch munter, so führe ich ihn zum nächsten Zimmer, erlaube ihm den Zutritt und animiere ihn erneut zur Erkundung. Ich kann ihn an einem Tag alles erkunden lassen, ich kann aber auch mehrere Tage dafür verwenden. Dann muss der Zugang zu den noch nicht gezeigten Räumlichkeiten aber versperrt sein. Bereiche, die für den Hund lebenslang tabu sein werden, gebe ich natürlich gar nicht erst zur Erkundung frei, sondern übe hier das Wahrnehmen und Einhalten von Grenzen (siehe auch Kapitel Grundausbildung „Grenzen akzeptieren“).

So, wie ich meinem Hund sein neues Heim vorstelle, mache ich ihn auch mit seinen Mitbewohnern bekannt. Eine Person nach der anderen darf er beschnüffeln und begrüßen. Dabei sollten die Zweibeiner Ruhe und Gelassenheit ausstrahlen. Die Situation soll möglichst ruhig und entspannt bleiben, so wie sie eben auch künftig sein soll, wenn jemand heimkehrt (siehe auch Kapitel Grundausbildung „Alleinbleiben“ und Kapitel Hund im Haushalt „Verhalten bei Besuch“). Ich weiß, es ist schwierig, so etwas bei Menschen durchzusetzen, die beim Anblick des kleinen Welpen in Verzückung geraten oder sich doch schon so auf den neuen Spielkumpel freuen.

Nach den vielen neuen Eindrücken heißt es nun, diese zu verarbeiten. Zudem soll der Hund ebenfalls von Beginn an lernen, dass es bei mir nicht zu turbulent zugehen soll und er auch nicht der Mittelpunkt meiner Welt ist. Ich bringe ihn also zurück zu seinem Ruheplatz. Beim Welpen geselle ich mich direkt daneben, wenn er noch Körperkontakt für seine emotionale Sicherheit benötigt, bei älteren setze ich mich zunächst in die Nähe, bis sie sich entspannt haben. Gern wird in solchen Momenten ein Trockenkauartikel angenommen.

Auch wenn meine Hunde später quasi freie Liegeplatzwahl haben, so hilft es ihnen doch besonders in noch fremder Umgebung, wenn ich „ihren Platz" zunächst auf eine bestimmte Stelle oder eine bestimmte Unterlage eingrenze (siehe auch Kapitel Grundausbildung „An Ort und Stelle verharren" und Kapitel Verhalten im Revier „Ablage").

Ich kann ein Neuling oder ein alter Hase in der Hundehaltung sein. Meine Erfahrungen können sich auf nicht für die Jagd bestimmte Rassen und Arbeitsbereiche beschränken oder diese schon umfassen. Wenn ich den in diesem Buch beschriebenen Weg erfolgreich gehen will, muss ich bereit sein, auch an mir selbst zu arbeiten.

Ich muss verstehen, was mir vorgeschlagen wird, ich muss von der Richtigkeit überzeugt sein, muss die Zusammenhänge überblicken, damit ich mich gegenüber meinem Hund authentisch verhalte und mich nicht durch gut gemeinte Ratschläge anderer sofort verunsichern lasse. Trotzdem muss ich kritisch und offen bleiben, damit ich bemerke, wenn etwas für mich oder meinen Hund nicht stimmig ist. Daher nehme ich die Anmerkungen anderer durchaus ernst, prüfe und passe den Umgang mit meinem Hund eventuell entsprechend an.

Ein Welpe hat viele neue Eindrücke zu verarbeiten, wenn er in sein neues Zuhause einzieht.

Grundwissen Lernen

Ein so großes Kapitel über Lernverhalten in einem Buch über Jagdhundeführung – muss das sein? Ich bin überzeugt: Ja! Nicht jeder angehende Hundeführer kennt sich mit diesem Thema bereits genügend aus, doch für meinen Ansatz der Hundeführung ist dieses Wissen absolute Voraussetzung. Wer schon firm ist mit der Lerntheorie und sich mit dem Training mit Markersignalen wie zum Beispiel dem Clicker auskennt, der kann dieses Kapitel überblättern. Alle anderen finden hier das nötige Basiswissen, sodass sie nicht dieses Buch aus der Hand legen müssen, um zunächst eines über Lernen zu lesen. Und wer es anschließend noch genauer wissen will, der findet im Anhang eine Liste weiterführender Literatur.

Warum wird gelernt?

Ich lebe wie wir alle in einer komplexen, vielfältigen, wandelbaren und durchaus auch gefährlichen Umwelt. Für mein Überleben und mein Wohlbefinden ist es notwendig, dass ich gesammelte Erfahrungen in meinem Gedächtnis abspeichere und für die Zukunft gewinnbringend anwende. Wenn ich nicht lernen könnte, müsste ich jeden Tag aufs Neue herausfinden, was essbar ist und was ungenießbar, was harmlos ist und was gefährlich, wie ich mich verhalten müsste, um etwas Essbares zu bekommen oder um Schmerzen und Verletzungen zu vermeiden. Ich würde vermutlich nicht sehr alt werden.

Lernern erfolgt auch durch Beobachten

Und genauso sieht es bei allen Wirbeltieren aus. Es geht dabei um mich, mein Überleben, mein Wohlbefinden, nicht um das irgendwelcher anderer. Ich verhalte mich so, dass es primär für mich gut ist oder zumindest für meine Verwandten. Auch das ist beim Hund nicht anders.

Er tut nichts mir zuliebe, sondern weil es ihm Vorteile im Leben bringt. Dieser Vorteil kann aber auch dadurch gegeben sein, dass es der eigenen sozialen Gruppe und damit auch ihm selbst als Teil dieser Gruppe nützt.

Konsequenzen auf ein gezeigtes Verhalten führen also zu Lernvorgängen. Das Verhalten wird in künftigen, ähnlichen Situationen zum eigenen Vorteil beibehalten oder angepasst. Welche Konsequenzen sind denkbar?

Das Kreuz der Umweltantworten

Die Folge eines Verhaltens kann für das Tier positiv sein, es empfindet sie als angenehm. Umgangssprachlich wird so etwas als **Belohnung** bezeichnet. Nach einer Belohnung wird das betroffene Verhalten in vergleichbarer Situation öfter gezeigt werden.

Die Konsequenz kann aber auch negativ sein und als unangenehm empfunden werden. Dies wird umgangssprachlich als **Sanktion** oder auch Strafe bezeichnet. Nach einer unangenehmen Erfahrung wird das betroffene Verhalten in vergleichbarer Situation seltener gezeigt, es wird gemieden.

Den Fall, dass ein Verhalten weder positive noch negative Folgen hat, gibt es eigentlich nicht. Jedes Verhalten braucht Energie und Zeit. Es macht biologisch keinen Sinn, es ohne weiteren Nutzen öfter zu zeigen und sinnlos wertvolle Energie zu vergeuden. Es wird also auch ein nicht belohntes und nicht sanktioniertes Verhalten zunehmend weniger gezeigt werden.

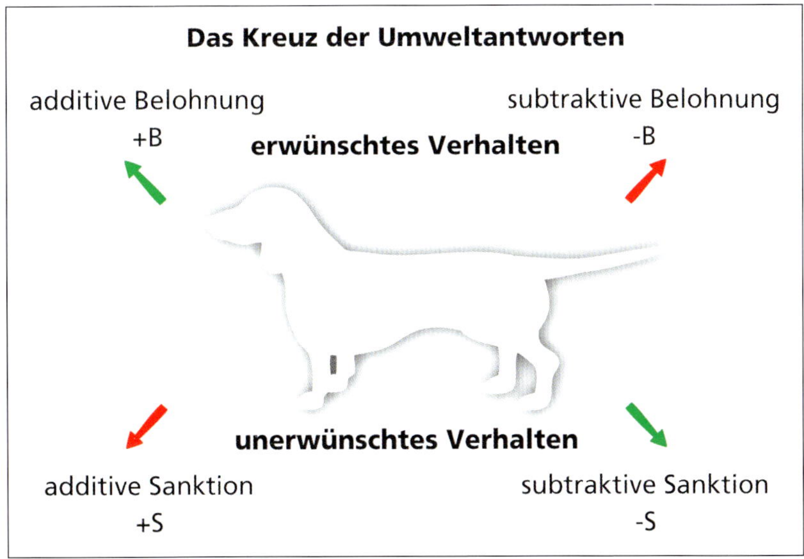

Statt von additiv und subtraktiv wird in der Wissenschaft von positiv und negativ gesprochen, was sich aber auf das mathematische Vorzeichen und nicht die Bewertung bezieht!

Damit überhaupt ein Zusammenhang zwischen dem Verhalten und seiner Konsequenz hergestellt werden kann, müssen die Folgen sehr zeitnah zu spüren sein. Experimente haben hierfür einen Zeitraum von nicht einmal einer Sekunde ergeben. Ich muss also ein gutes Timing entwickeln, wenn ich einem Tier schnell und effektiv etwas beibringen will.

Sanktionen

Eine mögliche Sanktion ist das Zufügen **(additive Form)** von etwas Unangenehmen, wie zum Beispiel Schmerz und Schreck. Die Reaktion auf eine solche unangenehmem Erfahrung ist das beschriebene Meiden. Es wird der vermeintlich das Verhalten auslösende Reiz oder das Verhalten selbst gemieden. Was genau verknüpft wurde, weiß ich erst, wenn ich das veränderte Verhalten in einer vergleichbaren Situation beobachten kann.

Wie lange dieses Meiden anhält, hängt von der Stärke des Reizes ab. War er ausreichend wirksam, dann bleibt diese Verknüpfung lebenslang bestehen und muss nicht wiederholt werden. Aus biologischer Sicht ist dies sehr sinnvoll, denn lebensgefährliche Situationen sollte niemand unnötig oft provozieren.

Auf den ersten Blick sieht dies also aus wie ein effektives Instrument zur Hundeausbildung, zumindest wenn ich ein Verhalten sicher unterbinden möchte. Doch das Problem liegt im Detail. Ich weiß leider vorher nicht, was genau der Hund verknüpfen wird. Mit etwas Pech ist es das Falsche: Dann ist er vielleicht nicht wie gewünscht rehrein, sondern weil unvorhergesehen gleichzeitig mit der Einwirkung ein Schuss fiel plötzlich schussscheu. Wegen der lebenslang erfolgten Verknüpfung kann ich diesen Fehler nicht mehr ausbügeln. Das ist fatal!

Diese unlösbare Verknüpfung könnte ich vermeiden, wenn ich schwächere Reize verwende und sicher einschätzen kann, wo genau die Belastungsgrenze meines Hundes liegt. Nehme ich mal an, ich könnte das, so hätte ich jetzt die Möglichkeit, fehlerhafte Verknüpfungen mit entsprechender Arbeit wieder aufzulösen. Leider ergibt sich aber nun ein anderes Problem. Wenn die Sanktion nicht lebenslang wirkt, heißt das, dass ich sie in regelmäßigen Abständen wiederholen muss, um die Erinnerung daran beim Hund aufzufrischen. Das wiederum bedeutet aber, dass ich die Möglichkeit zur Einwirkung dauerhaft aufrechterhalten muss. Ich mache mich abhängig von entsprechenden Hilfsmitteln, führe sie immer mit, habe sie ständig am Hund oder muss sie zumindest regelmäßig wieder zur Anwendung hervorholen.

Bleibt als Letztes noch das Problem des möglichen Vertrauensverlustes, wenn harte Einwirkungen von mir ausgehen, oder auch einer möglichen Förderung von allgemeiner Umweltunsicherheit, wenn sie quasi aus heiterem Himmel erfolgt.

Diese ganzen Horrorszenarien müssen nicht eintreten. Sehr viele Hundeführer arbeiten so und haben dennoch eine gut funktionierende Mensch-Hund-Beziehung. Meinen Ansprüchen an eine extrem vertrauensvolle Beziehung entsprechen diese allerdings dennoch oft nicht. Diese verträgt nämlich – wenn überhaupt – nur geringe Dosen additiver Sanktionen. Der Einsatz will sehr genau überlegt sein, damit eben nichts schief läuft.

Neben dieser additiven Form gibt es noch eine zweite Art, die **subtraktive Form**. Hier wird dem Hund etwas Angenehmes, das er im Moment stark begehrt, weggenommen. Dies kann sehr direkt geschehen, indem ich ihm eine Ressource wie Futter, Spielzeug oder Beute abnehme. Es funktioniert aber auch indirekt, indem ich ihm mitteile, dass er die Chance auf Erhalt einer sehr begehrten Belohnung soeben verwirkt hat. Eine hohe positive Erwartungshaltung wird enttäuscht. Selbst der Entzug des Sozialkontaktes zu mir kann eine wirksame Sanktion sein.

Auch diese Art unangenehmer Konsequenz findet sich in der Natur. Der unerfahrene Jäger lässt die gefangene Beute zu früh los und sie kann entwischen. Das Verhalten hatte unangenehme Konsequenzen, aber die Motivation, sich erneut etwas zu fangen, bleibt voll erhalten. Nur beim weiteren Vorgehen wird das schon als nachteilig kennengelernte Verhalten vermieden.

Der Vorteil dieser Sanktionsform ist offensichtlich: Ich kann mir den Hund nicht lebenslang verderben und ich riskiere nicht sein Vertrauen in mich und die Umwelt. Doch so schön dies in der Theorie klingt, in der Praxis gestaltet sich die Anwendung durchaus als schwierig. Ich muss herausfinden, was genau eigentlich den Hund für sein von mir unerwünschtes Verhalten belohnt, um dies eliminieren zu können.

Bei einem an der Leine zerrenden Hund ist oft das trotzdem zu einer begehrten Stelle Vorwärtskommen der belohnende Teil. Bleibe ich ab sofort konsequent stehen, wenn der Hund

Als Belohnung für das ruhige Warten wird Patch gleich zur Suche geschickt.

Zug auf die Leine bringt, und gehe nur mit ihm vorwärts, wenn die Leine lose durchhängt, dann wird sich das unerwünschte Leinezerren bald verlieren. Aber nicht immer lässt sich das belohnende Element so leicht finden und ausschalten. Besonders schwierig wird es bei selbstbelohnendem Verhalten.

Doch statt mich primär auf das Verbieten und Sanktionieren zu konzentrieren, arbeite ich lieber konstruktiv mittels Belohnung des Wunschverhaltens. Denn lernt mein Hund in einer bestimmten Situation sozusagen automatisch, das von mir gewünschte Verhalten zu zeigen, bleibt wenig Platz für Fehlverhalten.

Belohnungen

Genau wie bei der Sanktion gibt es auch bei der Belohnung die **additive** und die **subtraktive** Form. Bei der additiven gebe ich dem Hund etwas für ihn Angenehmes, dies kann Futter sein, aber auch Spiel, Sozialkontakt oder für Jagdhunde die Erlaubnis zur Jagd. Man kann auch sagen, dass jeweils das die größte Belohnung ist, was den Hund zum Zeitpunkt des Trainings am meisten ablenkt oder was er in dem Moment am meisten begehrt. Das mag im Wohnzimmer der Teller mit den Belohnungsbrocken auf dem Tisch sein, das kann draußen die Schnüffelstelle am Laternenmast sein, die Witterung von Wildlosung, die Erlaubnis zur jagdlichen Aktivität und so weiter.

Auch ein leckeres Stück Pansen kann eine Belohnung sein.

Ich kann also auch mit Futtermäklern und an Spielen uninteressierten Hunden über ein Belohnungssystem arbeiten. Ich muss nur sie und ihre Vorlieben verstehen. Denn ein Hund, der an nichts in seiner Umwelt Interesse hat, ist entweder tot oder schwer traumatisiert, aber in jedem Fall kein zukünftiger Jagdhund. Wenn ich unter additiver Belohnung fast ausschließlich die Gabe von Futter verstehe, schränke ich mich bezüglich der Trainingsmöglichkeiten und Erfolge unglaublich und unnötig ein.

Und wie sieht es mit der subtraktiven Belohnung aus? Wenn etwas Unangenehmes aufhört, dann stellt sich beim Betroffenen augenblicklich ein Glückgefühl ein. Das ist nachweislich eine enorm wirksame Belohnung! Doch ich mag sie nicht anwenden, denn auch sie ist mit Problemen behaftet. Wenn ich Daumenschrauben lockern will, dann muss ich solche vorher anlegen und festziehen. Das entspricht einer additiven Sanktion.

Für was will ich sie verhängen? Dafür, dass mein Hund vertrauensvoll meine Nähe sucht, nicht wissend, was ich gleich vorhabe? Ich spiele wieder mit dem Risiko des Vertrauensverlustes! Auch auf diesem Weg kann man einen jagdlich brauchbaren Hund ausbilden. Das haben genügend Parforceausbilder in den zurückliegenden Jahren bewiesen. Ihre Beziehung zum Hund mag ich aber nicht einmal mehr als funktionierend bezeichnen. Von dem von mir angestrebten Zustand sind sie jedenfalls Lichtjahre entfernt.

Heute wird dieser Weg von manchem Hundetrainer in abgewandelter Form beschritten. Dem Hund werden keine Schmerzen mehr zugefügt, er wird nicht misshandelt, bis er das Wunschverhalten zeigt und man zur Belohnung die Einwirkungen stoppt. Er wird nur gestresst. Die Einwirkung ist mehr lästig als ernsthaft unangenehm. Die Wirkung ist in diesem Fall aber nicht mehr so stark wie im obigen Fall und auch mit Vertrauensverlust muss ich sicherlich nicht mehr in dem Maße rechnen. Der Hund lernt, unangenehme Zustände durch eigene Aktivität aufzulösen.

Ich persönlich schule aktives Problemlösungsverhalten insgesamt jedoch lieber über die Schiene der additiven Belohnung und Förderung der Kreativität.

Subtraktive Belohnung kommt bei mir nur dann zum Tragen, wenn die Unannehmlichkeit von der Umwelt generiert wird, wenn zum Beispiel mein Junghund panisch vor einer Meute aggressiver Fremdhunde zu mir flieht und ich dieses Verhalten (im Falle von Panik zu mir und nicht in die Ferne flüchten) dadurch bestärke, dass ich die Meute abwehre und meinem Hund so Sicherheit gebe.

Eine ebenfalls sehr wirksame subtraktive Belohnung ist es, wenn ich den Abstand zwischen meinem Hund und einem ihm unangenehmen, Unsicherheit und/oder Aggression auslösenden Reiz vergrößere.

Neuronale Vorgänge beim Lernen

Reize werden über die Sinnesorgane aufgenommen und über Nervenzellen als elektrische Impulse ins Gehirn an den Ort der Weiterverarbeitung geleitet. Die so im Gehirn aktiven Nervenzellen verändern ihre elektrische Ladung. Da jede Nervenzelle dort mit bis zu 10.000 anderen Nervenzellen verbunden ist, bekommen diese die Erregung ebenfalls mit.

Zwischen den einzelnen Hirnarealen finden also eine Informationsweitergabe und ein Austausch über den Ist-Zustand des Körpers und mögliche anstehende Reaktionen statt.

Mit der erfolgten Reaktion des Körpers bekommt das Gehirn neue Informationen über die Sinnesorgane. Reiz, Reaktion und ihre Konsequenzen werden zu einem Bild verknüpft, das zunächst in Form elektrischer Ladungen im **Ultrakurzzeitgedächtnis** zu finden ist. Für längerfristiges Lernen muss es aber ins **Kurzzeitgedächtnis** und von da ins **Langzeitgedächtnis** verbracht werden.

Die von den Sinnesorganen aufgenommenen Reize müssen ständig verarbeitet werden.

Dabei werden neue Verbindungen zwischen den Nervenzellen aufgebaut und bestehende verstärkt. Dies benötigt Zeit, da es sich um einen biochemischen Bauvorgang handelt. Eiweißmoleküle werden hergestellt und eingebaut.

Es dauert etwa 20 Minuten, dann ist das Gelernte im Kurzzeitgedächtnis abgespeichert.

Durch entsprechend viele Wiederholungen von Reiz, Reaktion und Konsequenz werden die Verbindungen weiter verstärkt. Das Gelernte kommt ins **primäre Langzeitgedächtnis**. Dort abgelegte Informationen lassen sich nur relativ langsam abrufen, bleiben aber ohne weiteres Training für Monate oder auch mehrere Jahre gespeichert.

Nach noch mehr Wiederholungen geht das Gelernte ins **sekundäre Langzeitgedächtnis** über. Solche Informationen lassen sich sehr schnell abrufen und sind lebenslang gespeichert. Hierhin muss ich durch entsprechendes Training mit meinem Hund kommen, damit er unverzüglich auf meine Signale reagieren kann. Im Schnitt braucht es bis zur absoluten Meisterschaft etwa 20.000 Lernwiederholungen.

Jeder kann selbst ausrechnen, wie oft am Tag und pro Woche er etwas trainieren muss, um in einer annehmbaren Zeit zu einem perfekten Ergebnis zu kommen.

Wenn das alles so unglaublich lange und so viele Wiederholungen braucht, warum ist besonders die Arbeit mit der additiven Sanktion dann so risikoreich, die mit der subtraktiven Belohnung so wirkungsvoll? Weil alles, was mit sehr starken Emotionen gekoppelt ist, sofort ins sekundäre Langzeitgedächtnis kommt.

Ich weiß bis heute, wo ich am 11. September 2001 war und was ich in genau dem Moment gemacht habe, als ich die Nachricht über die Anschläge auf die Twin-Towers erstmalig vernahm. Damit ist auch klar, warum ich beim Training mit meinem Hund nicht neutral bleibe, sondern auf tolle Lernfortschritte freudig erregt reagiere, auf Stimmungsübertragung hoffe und dem Hund auch mal einen Jackpot als Belohnung spendiere. Ich will meinen Hund für seine Arbeit nicht nur trainieren, sondern passionieren.

Bleibt noch zu erwähnen, dass Hunde im Vergleich zum Menschen nur sehr schlecht generalisieren können. Dies bedeutet, dass sie alle möglichen Umstände des Lernumfeldes mit verknüpfen und das Gelernte zunächst nicht losgelöst von diesen abrufen können. Ich kann im Wohnzimmer englische Vokabeln pauken wie „sich setzen“ bedeutet „to take a seat“. Als Mensch habe ich kein Problem, die Übersetzung auch in der Schule oder am Hauptbahnhof aus meinem Gedächtnis abzurufen.

Ein Hund, der im Wohnzimmer gelernt hat, dass das Hörzeichen „Sitz“ bedeutet „Setze dich an Ort und Stelle hin“, kann dies an einem anderen Ort nicht so einfach abrufen wie wir. Er muss erst lernen, dass „Sitz“ auch in anderen Umgebungen, zu anderen Tageszeiten, bei anderen Wetterlagen und so weiter immer das Gleiche bedeutet. Wenn mein Hund ein Signal nicht wie von mir erwartet umsetzt, sollte ich mich also auch fragen, ob es überhaupt schon im Langzeitgedächtnis angekommen ist und ob er es ausreichend generalisieren konnte.

Die verschiedenen Arten des Lernens

Im Folgenden stelle ich die für Hunde nachgewiesenen Arten des Lernens kurz vor. Denn auch hierüber muss ich als Trainer und Teamführer meines Hundes zumindest in den Grundzügen Bescheid wissen, wenn ich eine funktionierende und harmonische Beziehung zu meinem Jagdhund aufbauen und ihn trotz seiner enormen Passion auch am lebenden Wild ohne Gewalt unter Kontrolle behalten will. Das funktioniert leider nicht nach Schema F, denn Führen, Lehren und Lernen hängt von so vielen Faktoren ab.

Mit dem Wissen über die Lernarten kann ich aber leichter erkennen, warum ein Ausbildungsschritt nicht wie von mir geplant funktioniert und wie ich das Problem vielleicht beheben könnte.

Prägung

Prägung bezeichnet das irreversible Lernen in frühester Jugend während einer sensiblen und kurzen Entwicklungsphase. Heutige Lehrmeinung ist, dass diese Phase bei Hunden weder hundertprozentig zeitlich begrenzt noch hundertprozentig irreversibel ist, dass aber ein Umlernen außerhalb dieser Phase sehr schwierig werden kann. Genau genommen heißt es also: prägungsähnliches Lernen und nicht Prägung beim Hund.

Ein Hund durchläuft in seiner Entwicklung mehrere solcher sensiblen Phasen. Es beginnt nach der vegetativen Phase, wenn der Welpe Augen und Ohren öffnet und seine Umwelt zunehmend besser wahrnimmt, mit der sogenannten **Prägephase**. Jetzt lernt er, dass er ein Hund ist wie seine Mutter und Geschwister

Der soziale Kontakt in der Sozialisierungsphase beeinflusst auch die weitere Entwicklung.

und dass Menschen irgendwie etwas Ähnliches sind. In dieser Zeit können auch noch andere Arten als künftige Sozialpartner kennengelernt werden. Angehende Herdenschutzhunde wachsen unter Schafen auf, damit sie diese als ihresgleichen erkennen und entsprechend schützen werden. Damit wird auch klar, warum ein zahmes Reh oder ein zahmes Wildschwein meist eher keine guten Spielgefährten für den angehenden Jagdhund sind.

Es folgt fließend der Übergang in die **Sozialisierungsphase**. Der Hund erkundet zunehmend die Umgebung und lernt, wer oder was harmlos oder gefährlich ist. Jetzt muss er lernen, wie er in Zukunft allem Neuen gegenübertreten wird. Je harmloser sich seine Umwelt erweist, desto selbstsicherer wird er werden. Je gefährlicher sie sich erweist, desto vorsichtiger wird mein Hund werden und sich zunehmend in Angst oder Aggression flüchten.

Viele weitere Phasen schließen sich an und überlappen sich auch. Unter anderem muss der Hund schon in seiner Jugend lernen, ob und wie weit er sich ungefährdet von mir entfernen darf. Aus einer Bracke, die ihr erstes Jahr nur angeleint verbringen durfte und nie ohne ihren Menschen die Welt erkunden konnte, wird nur noch sehr schwer ein anhaltend jagender Hund zu formen sein.

Ich sollte also ein individuelles Konzept haben, auf wen oder was mein künftiger Jagdbegleiter geprägt und sozialisiert sein soll, welche jagdlichen Anlagen ich wann und wie fördern will.

Später wird mich noch die Phase der **Pubertät** einige Nerven kosten. Denn zu dieser Zeit wird das Gehirn umstrukturiert, mein Hund kann bereits Erlerntes phasenweise zum Teil nur schwer oder gar nicht abrufen, er nimmt die Welt plötzlich aus einer anderen Perspektive wahr und kann dabei genauso überfordert sein wie mancher menschliche Teenager. Zu dieser Zeit festige ich mehr bereits Gelerntes, als dass ich neuen Übungsstoff hinzufüge.

Gewöhnung

Was passiert, wenn mein Hund einen Reiz erstmalig wahrnimmt (Sensitivierung), wenn dieser Reiz regelmäßig ohne Folgen bleibt (Habituation) und wenn das auf den Reiz gezeigte Verhalten ohne Folgen bleibt (Extinktion)?

■ Sensitivierung

Auf einen völlig neuartigen Reiz reagiert der Hund bei dem ersten Kontakt mit erhöhter Aufmerksamkeit. Es findet ein sehr intensives Lernen statt. Ich bemühe mich daher, für meinen Hund später wichtige Reize gleich bei diesem ersten Kennenlernen mit entsprechenden Konsequenzen zu verknüpfen. Der erste Schussknall wird mit Futter oder Beute verknüpft, das erste ausgewachsene und

Früh übt sich der richtige Griff.

gesunde Schwarzwild ist nicht die mit der Flasche aufgezogene zahme Sau vom Förster, aber auch keinesfalls der von mir und meinem Hund nicht bezwingbare Lebenskeiler.

■ Habituation

Bei der Habituation tritt ein Reiz regelmäßig auf, ohne dass der Hund damit irgendein spezielles Erlebnis verbindet. Damit wird seine Reaktion auf den Reiz immer schwächer. So gewöhnt sich sogar der leicht geräuschempfindliche Hund an den Knall von Waffen, wenn ich regelmäßig mit ihm am Schützenhaus vorbeigehe. Wenn er beim ersten Knall noch zusammenzuckt, so bleibt er später gelassen, denn es passiert in Folge nichts Negatives.

Leider funktioniert Gewöhnung bei von Natur aus empfindlichen Hunden nur, wenn der Reiz dauerhaft in gewissen Abständen auftritt. Ziehe ich mit meinem ehemals schussempfindlichen Hund in eine ruhige Gegend und es dauert Monate, bis er mal wieder einen Knall hört, so ist die Wirkung der Habituation längst aufgehoben und der Hund wird sein anfängliches Erschrecken wieder zeigen.

Ein Training über Gewöhnung ist nur erfolgreich, wenn der Reiz den Hund nicht zu sehr stresst, denn einen ernsthaft schussscheuen Hund kann ich so nicht kurieren.

■ Extinktion (Löschung)

Bei der Extinktion wird der Hund nicht an einen Reiz gewöhnt, sondern daran, dass sein daraufhin gezeigtes Verhalten ab jetzt nicht mehr lohnenswert ist. Wird ein Verhalten nicht mehr belohnt, so stirbt es quasi aus.

Leider kann ich aber bestehende Verknüpfungen im Gehirn meines Hundes nicht wirklich löschen. Sie geraten nur in Vergessenheit, können aber sehr leicht reaktiviert werden. Dazu reicht es aus, wenn das unerwünschte Verhalten – selbst wenn es nur im Ansatz gezeigt wurde – irgendwann wieder belohnt wird. Dann ist die alte Intensität wieder da.

Ich kann also die Schusshitzigkeit meines Hundes korrigieren, indem ich ihn nie mehr zur Jagd loslasse, solange er unruhig ist. Vermutlich wird er in solchen Situationen noch einmal voll aufdrehen, bevor er endgültig Ruhe bewahrt. Schließlich hat genau dieses Verhalten bis vor Kurzem zum Erfolg geführt – diese Intensivierung nennt man auch „Extinction Burst“.

Warte ich auch diesen Anfall aus, habe ich gewonnen, allerdings nur, solange ich hundertprozentig konsequent bleibe: Einmal den Hund geschnallt, während er auch nur leise durch die Nase fiepte, und schon habe ich binnen Kürze das alte schusshitzige Verhalten zurück. Aber wie will ich verlässliches Verhalten von meinem Hund erwarten, wenn ich das selbst schon nicht hinbekomme?

Räumliches Lernen

Hierbei geht es um die Tatsache, dass Sicherheit die Grundlage für jedes weitere Verhalten ist. Kommt der Hund in eine neue oder deutlich veränderte Umgebung, so muss er diese erst inspizieren und auf Sicherheit überprüfen, bevor er sich anderen Aufgaben wie den von uns gestellten widmen kann. Mir geht es nicht anders, ich könnte mich auch nicht auf irgendeine Arbeit konzentrieren, wenn ich mich in einer fremden Umgebung nicht wenigstens schnell mal umsehen dürfte.

Je mehr Erfahrungen mein Hund mit solchen neuen Umgebungen sammeln kann, desto schneller wird er seine Erkundung durchziehen, wird insgesamt umweltsicherer und entsprechend schnell arbeitsbereit sein. Kennt mein Hund aber nur sein gewohntes Arbeitsumfeld, kann es passieren, dass er auf einer Prüfung im fremden Revier Probleme bekommt.

Für diesen Foxterrier ist das Erkunden des Gewässers eine ganz wertvolle Erfahrung.

Nachahmung

Bei der Nachahmung handelt es sich um ein Kopieren von motorischen und sozialen Verhaltensweisen eines Vorbilds. So lernen Jungtiere, ohne selbst gleich gefährdet zu sein. Dies ist bei Hunden eine stark ausgeprägte Lernart. Es hilft ihnen ungemein, wenn ein anderer Hund oder ein Mensch ihnen den Lösungsweg für ein Problem vormacht. Ich nutze diesen Effekt und schnalle zum Beispiel meinen Junghund bei den ersten Hatzen zu einem erfahrenen Althund. Habe ich keinen solchen Althund zur Verfügung, kann ich mir mit einem Besuch im Saugatter behelfen, wo ich zur Not selbst als Vorbild agiere. Aber auch bei vielen anderen Trainingsinhalten kann ein geübter Althund als Vorbild dienen.

Natürlich kopieren Junghunde nicht nur wünschenswerte Verhaltensweisen, sondern auch Unarten und manchmal sogar Wesensschwächen. Entsprechende Alttiere eignen sich also höchstens bedingt als Sozialpartner für meinen Jagdhund! Im Zweifel warte ich lieber deren Ableben ab oder organisiere eine dauerhafte räumliche Trennung, bevor ich mir einen Nachfolger ins Haus hole.

Assoziation

Sie ist für gezieltes Training durch den Menschen mit die wichtigste Art des Lernens. Dabei werden zwei oder mehr Reize miteinander in Verbindung gebracht: Die Ursache und die Wirkung bzw. Nicht-Wirkung. Hier ein Beispiel:

Ich ziehe meine Jagdstiefel an (Ursache) und der Hund freut sich auf den anstehenden Gang ins Revier (Wirkung). Ich nehme meine Lackschuhe aus dem Regal (Ursache) und mein Hund legt sich in sein Körbchen, da ich ohne ihn das Haus verlassen werde (Nicht-Wirkung).

In den Bereich des assoziativen Lernens gehören die klassische, die operante und die instrumentelle Konditionierung.

■ Klassische Konditionierung

Bei der klassischen Konditionierung wird ein ursprünglich neutraler, unbedeutender Reiz regelmäßig mit einem unbedingten, bedeutenden Reiz und der reflexhaften, unbedingten Reaktion verknüpft. Pawlow zeigte dies in einem Versuch mit Hunden. Immer zur Fütterung (unbedingter Reiz) läutete er eine Glocke (neutraler Reiz; der Ton einer Glocke löst bei einem damit nicht vertrauten Hund keinerlei Reaktion aus). Die Hunde reagierten auf das Futter mit vermehrtem Speichelfluss. Nach einigen Wiederholungen reichte der neue Reiz, also der Ton der Glocke, allein, um das Verhalten, nämlich die Produktion von Speichel, auszulösen. Aus dem neutralen Reiz wurde so ein bedingter, ein konditionierter Reiz.

Man unterscheidet **positive und negative Konditionierung**. Bei der positiven Konditionierung kündigt der konditionierte Reiz eine Belohnung an, ein Beispiel wäre das Knacken des Clickers. Bei der negativen Konditionierung handelt es sich um eine Sanktion wie das Rasseln einer Wurfkette.

■ Operante Konditionierung

Operante Konditionierung ist das Lernen durch Erfolg und Irrtum. Es findet lebenslang statt. Nutze ich dies gezielt, zeigt der Hund mehr oder minder zufällige Aktionen und die gewünschte wird von mir belohnt. Es handelt sich um eine positive operante Konditionierung.

Will ich den Hund so zu einem bewussten und freiwilligen Probieren animieren, wobei er durch weitere Versuche schrittweise herausfindet, welches Verhalten ich von ihm sehen möchte, ist diese Art des Lernens so nicht kombinierbar mit Sanktion für unerwünschtes Verhalten, da der Hund sich dann nicht mehr traut, freiwillig etwas zu testen. Dann ist es besser, man tut nichts, statt eine unangenehme Einwirkung zu riskieren.

Dennoch ist natürlich auch die Verknüpfung von Sanktionen mit unerwünschtem Verhalten eine operante Konditionierung, in dem Fall dann eine negative.

■ Instrumentelle Konditionierung

Die instrumentelle Konditionierung entspricht im Prinzip der operanten Konditionierung. Allerdings schränke ich die Lernsituation durch entsprechende Gestaltung ein. Der Hund kann das gewünschte Verhalten nur in diesem Zusammenhang zeigen, da er ein spezielles Instrument benötigt, wie zum Beispiel ein Apportierholz zum Bringen, Niederwild zum Vorstehen, ein Geschirr und eine Leine zum Ziehen und so weiter.

FAZIT

- *Lernen zu können ist eine überlebenswichtige Grundvoraussetzung.*
- *Alle Lebewesen handeln egoistisch.*
- *Lernen benötigt Zeit, Wiederholungen und noch mehr Zeit.*
- *Hunde lernen überwiegend über Assoziationsprozesse und können nur sehr schlecht generalisieren.*
- *Die Konsequenzen eines Verhaltens können ins „Kreuz der Umweltantworten" eingeordnet werden.*
- *Belohnungen führen zu Handlungen.*
- *Sanktionen führen zum Meiden.*
- *Nur das Individuum entscheidet, ob und wie etwas wirkt.*
- *Reizstärke, Reizhäufigkeit und das Timing haben entscheidenden Einfluss auf das Lernen.*

Training mit Markersignalen

Wie schon erwähnt ist das richtige Timing der Belohnung enorm wichtig für den Lehr- und Lernerfolg. Nicht einmal eine Sekunde habe ich Zeit, um die Belohnung nach einem gewünschten Verhalten zu geben, damit der Hund beides richtig miteinander in Verbindung setzen kann. Selbst wenn sich mein Hund direkt neben mir befindet, ist dies schon sehr schwer umzusetzen. Arbeitet er gar von mir weg, wie zum Beispiel beim Voranschicken, wird es ziemlich unmöglich.

Daher nutze ich ein entsprechend klassisch konditioniertes Markersignal, das dem Hund mitteilt: „Das, was du gerade getan hast, ist eine Belohnung wert!" Danach habe ich dann ausreichend Zeit, die Belohnung zu verabreichen. Ein mittlerweile weit verbreitetes Markersignal ist das Geräusch eines Clickers. Dies ist ein Knackfrosch, ursprünglich ein Kinderspielzeug mit Blechzunge, der beim Drücken ein metallisches Knacken erzeugt.

Der Buttonclicker ist ideal für ein Markersignal.

LAUTSTÄRKE

Es gibt geräuschsensible Hunde, für die man den Ton des Clickers dämpfen muss. Handelt es sich dabei nicht um eine erworbene und behebbare Störung, so bitte ich davon abzusehen, einen solchen Hund später der viel größeren Lärmbelastung der jagdlichen Praxis auszusetzen. Nicht jeder Hund muss um jeden Preis ein Jagdgebrauchshund werden.

Zunächst wird das Knacken des Clickers klassisch konditioniert, indem mehrfach zeitgleich mit dem Geräusch dem Hund Futter gereicht wird. Meist reichen drei bis fünf Wiederholungen aus. Ob der Hund den Reiz schon mit der Futtergabe verknüpft hat, lässt sich einfach prüfen. Ich warte, bis er sich von mir abwendet, dann clicke ich. Dreht mein Hund sich nun erwartungsvoll zu mir um, hat er es begriffen und ich kann mit dem Training beginnen.

Ich bevorzuge den Clicker, weil dieser immer gleich klingt. Er ist nicht wie meine Stimme emotional eingefärbt. Das Geräusch kommt im Alltag selten vor, daher muss ich nicht mit einer Habituation rechnen. Und es wurde nachgewiesen, dass die meisten Menschen zeitlich präziser eine Taste drücken als ein Geräusch artikulieren können.

Trotzdem konditioniere ich zum Clicker noch ein Markerwort bzw. von mir erzeugtes Geräusch, denn schließlich kann es Situationen geben, in denen ich meinen Clicker nicht dabei oder keine Hand mehr dafür frei habe. Zudem kann ich ein solches Geräusch deutlich leiser von mir geben. Wenn ich im Revier mit dem Hund arbeite, kann dies von Vorteil sein. Mein Ersatzgeräusch ist ein Zungenschnalzer, mein Markerwort ein enthusiastisch, freudig gesprochenes „Jawoll". Das Wort sollte einem leicht von den Lippen gehen und im Alltag eher selten verwendet werden.

Schließlich konditioniere ich noch ein „Daumen hoch" als Sichtzeichen mit Markerbedeutung. Dies brauche ich, wenn ich den Hund zum Beispiel für seine Ruhe bei anwechselndem Wild bestätigen will und jedes Geräusch das Wild verschrecken würde.

Ein Markersignal ist ein festes Versprechen auf eine Belohnung, es beendet somit in dem Moment auch das Verhalten. Bleibt die Belohnung aus, verliert es schnell an Bedeutung, es kommt zur Habituation. Wenn ich den Marker einsetze, habe ich also auch immer eine Belohnung für den Hund – und wenn es nur eine Jubelparty wird.

Ist mein Hund auf diesen Reiz konditioniert, so löst schon seine Wahrnehmung Glücksgefühle durch Vorfreude auf die kommende Belohnung aus. Der Marker verschafft mir also Zeit, diese hervorzuholen. Er ist ein Brückensignal.

Ich habe absichtlich nicht schon vorher eine Belohnung in der Hand, denn dann konzentriert sich mein Hund mehr auf diese als auf sein Tun. Ich muss es ihm nicht unnötig schwer machen.

Wird jetzt geclickt, dürfte der Hund den Fasan fallen lassen! Der passionierte Jagdhund wird ihn aber vermutlich trotzdem zutragen.

Einsatz des Markers

Ab jetzt habe ich zwei Einsatzmöglichkeiten für den Marker. Im einen Fall markiere und belohne ich zufällig gezeigtes Wunschverhalten. Eventuell gestalte ich die Situation so, dass der Hund dieses Verhalten auch ziemlich wahrscheinlich zeigen wird.

Im anderen Fall zerlege ich das gewünschte Zielverhalten in möglichst viele kleine Lernschritte, die der Hund sich nach und nach durch gezieltes Ausprobieren selbst erarbeitet. Dies nennt sich **Shaping**, ein Verhalten formen. Gebe ich dem Hund dabei keinerlei Hilfestellung, spricht man von **Free Shaping**, der freien Verhaltensformung. Hierin müssen wir uns beide üben. Mit zunehmender Erfahrung lassen sich neue Verhaltensweisen dann immer schneller lehren und lernen.

Allerdings lasse ich den Hund nicht irgendwie und irgendwo ausprobieren und rätseln, was ich wohl wünsche, sondern arrangiere die Umstände so, dass er eine gute Chance hat, auf die richtige Lösung zu kommen.

Training mit Markersignalen ist so der Schlüssel zu bewusster Präzision und Körperarbeit. Der Hund lernt zu lernen und ich lerne zu lehren. Es gibt aber kein für alle einheitliches, hoch detailliertes Konzept, sondern jedes Team wählt seinen eigenen Weg zum Ziel.

Nichts im Leben ist umsonst

Lernen findet offensichtlich immer statt. Das Leben kennt weit mehr Belohnungen als nur Futter. Warum sollte ich das alles verschenken? Warum nicht viele dieser Möglichkeiten nutzen? Will ich mit dem Konzept der möglichst sanktionsfreien Ausbildung einen Jagdhund führen, bleibt mir gar nichts anderes übrig, als viele dieser Belohnungen möglichst bewusst einzusetzen: Nichts im Leben ist umsonst.

Den Napf stelle ich nur dem ruhig wartenden Hund hin, zum Abgang der Wildschleppe geht es nur für den manierlich an der Leine laufenden Hund und so weiter. Etwas tun zu dürfen, was einem Freude bereitet, ist eine sehr wirksame Belohnung. Dessen muss ich mir immer bewusst sein und entsprechend handeln.

Dieser Grundsatz betrifft aber auch mich selbst. Nicht nur der Hund muss etwas leisten, damit er etwas von mir bekommt. Auch ich muss etwas leisten. Ich muss meinen Hund so annehmen, wie er ist, muss erkennen, welche Angebote er mir macht oder überhaupt machen kann. Ich darf mich nicht nur auf Leistung und Leistungsverbesserung konzentrieren, sondern muss auch mal von Herzen gönnen können – nur so, weil er eben mein Hund ist.

Lernumfeld

Lernen findet immer statt, aber initiiertes (bewusst herbeigeführtes) Lernen benötigt bestimmte Voraussetzungen. Die Lernsituation darf den Hund nicht übermäßig stressen. Er muss eine gewisse Spannung auf die Belohnung zeigen – arbeite ich mit Futter, so sollte es qualitativ hochwertig sein, denn guter Geschmack ist wichtiger als die Größe des Bröckchens. Es darf aber auch nicht so extrem hochwertig sein, dass der Hund sich vor lauter Gier nicht mehr konzentrieren kann.

Es kommt auf den Hund an, was er für wie wertvoll hält. Manche brauchen gebratene Leber, damit sie sich ausreichend belohnt fühlen, anderen reicht ein Stück trockenes Brot, denn sie würden bei der Aussicht auf Leber vor Gier unkonzentriert werden.

Zudem müssen die Grundbedürfnisse des Hundes gedeckt sein, das heißt, er sollte ausgeruht sein, bereits etwas Futter im Bauch und auch keinen brennenden Durst haben. Er muss sich zudem ausreichend sicher fühlen – sowohl physisch als auch psychisch.

Ich mache ihm keinen Druck, strahle also weder eine zu hohe Erwartungshaltung aus, noch fasse ich ihn an, denn das stresst die meisten Hunde bei der Arbeit und stört den Lernvorgang. Außerdem bleibe ich emotional ausgeglichen bzw. zeige nur Freude, keinesfalls Enttäuschung.

Daika erduldet ein positiv gemeintes Streichellob.

Wenn das Lernumfeld nicht passt, so zeigt mir der Hund dies meist durch entsprechende Beschwichtigungssignale. Er gähnt häufig, leckt sich vermehrt über die Lefzen, verlässt die Übungssituation, geht Schnüffeln. Dann breche ist das Training ab, prüfe was ich ändern muss, und tue dies, bevor ich weiter übe.

Die passenden Signale

Bei anderen Trainingsansätzen werden die endgültigen Signale meist schon von Anfang an verwendet, wenn der Hund noch gar nicht weiß, was er eigentlich tun soll. Daher verknüpft der Hund erst die noch mangelhafte Ausführung eines Verhaltens mit dem jeweiligen Signal und muss später umlernen. Das ist bei diesem Training mit dem Markersignal anders. Hier wird regulär erst das gewünschte Verhalten erarbeitet und dann mit dem später gewünschten Signal verknüpft. So entsteht eine sehr saubere Verbindung im Gehirn.

Ein Signal geht dem Verhalten unmittelbar voraus, ich gebe es zum Erlernen also nicht, während der Hund das Verhalten zeigt oder gar danach, sondern einen Bruchteil, bevor er mit seinem Verhalten beginnt – eine klassische Konditionierung.

WAS BEDEUTET NRM?

Der No Reward Marker (ich verwende das Wort „Hoppla") ist ein emotional neutrales Signal mit der Bedeutung: „Das, was du gerade gemacht hast, ist überhaupt nicht zielführend – versuch es beim nächsten Mal besser zu machen!" Er kommt nur in der Endphase des Lernens zum Einsatz, wenn ich das Verhalten bereits mit Signal auslöse, das gezeigte Verhalten aber unerwartet deutlich von meiner Zielvorstellung und dem bereits erreichten Ausbildungsstand entfernt ist.

Zur Einführung des NRM erarbeite ich getrennt zwei sehr ähnliche Verhaltensweisen, bis ich beide per Signal auslösen kann, wie zum Beispiel die Berührung zweier verschiedener Spielzeuge auf Hörzeichen wie „Ball" und „Tau". Klappt dies einzeln, lege ich eines, zum Beispiel das Tau, offensichtlich aus und das andere, also den Ball, etwas verdeckt. Dann hole ich den Hund und fordere „Ball". Macht der Hund es wie von mir provoziert falsch, sage ich „Hoppla" und bringe ihn nach 30 Sekunden Pause erneut an den Start. Je nach Frustrationstoleranz des Hundes gebe ich jetzt die Sicht auf den Ball deutlicher frei. Nach 30 Sekunden Wartezeit, die nötig ist, um keine Kette zu bilden, fordere ich erneut „Ball". Ein Fehler wird wieder mit dem NRM quittiert, die korrekte Wahl hingegen bestätigt und ich beende die Übungseinheit. Nach einigen Wiederholungen hat der Hund das „Hoppla" entsprechend verknüpft.

Natürlich sollte das Signal auch nie oder nur höchst selten ohne folgendes Verhalten gegeben werden. Ich rufe den Hund in der Lernphase also nur, wenn ich wirklich sicher bin, dass er auch sofort kommen wird. Bin ich nicht sicher, rufe dennoch und er kommt nicht, lernt er, dass mein Signal im Zweifel irrelevant ist. Es wird wieder zu einem neutralen Signal (siehe „Klassische Konditionierung").

Bin ich im Training bei der Signalverknüpfung angelangt, wird das Verhalten auch nur noch belohnt, wenn ich es abgefragt habe. Freiwillige Ausführungen werden von mir ab jetzt ignoriert. Sobald das Signal sicher mit dem Verhalten verknüpft ist, werden fehlerhafte Ausführungen des Verhaltens dauerhaft ignoriert oder auch durch einen **No Reward Marker**, im Folgenden kurz **NRM** genannt, abgebrochen.

Signale können Hörzeichen sein, aber auch Sichtzeichen, bestimmte Körperhaltungen oder Umstände. Führe ich zum Beispiel den Hund zu einem Anschuss und gebe den Riemen nach, wird er auch ohne weitere Signale wie „Such verwundt" die Arbeit aufnehmen.

- Sichtzeichen werden vom Hund vor Hörzeichen bevorzugt. Gebe ich ein zum Hörzeichen konträres Sichtzeichen, so wird der Hund höchstwahrscheinlich das zum Sichtzeichen passende Verhalten zeigen.
- Bewegte Signale werden wiederum besser wahrgenommen als statische, besonders auf Distanz.
- Ein Pfiff dringt bei starker Ablenkung besser durch als ein Wort. Das ist mit ein Grund dafür, warum man Jagdhunde viel über Pfeifsignale führt.

Zeitfenster

Beim Training von Verhaltensweisen, die auf Signal abgerufen werden, gibt es immer drei Zeitfenster.

Das eine betrifft die Ausführungszeit (Geschwindigkeit) eines Verhaltens: Wie schnell senkt der Hund sein Hinterteil zum Boden, wie schnell läuft er zum Schleppwild, wie schnell greift er es und wie schnell kommt er zurück?

Das zweite betrifft die Dauer des gezeigten Verhaltens: Wie lange bleibt der Hund sitzen?

Das dritte betrifft die Reaktionszeit zwischen Wahrnehmung des Signals und Beginn des Verhaltens.

Alles sind getrennte Details, die unabhängig voneinander trainiert werden. Die Ausführungszeit und die Dauer werden vor und die Reaktionszeit nach der Signaleinführung verbessert; das ist irgendwie logisch. Erst wird das perfekte Verhalten erarbeitet, also inklusive schneller und ausdauernder Ausführung, dann wird das Signal verknüpft und anschließend die schnelle Reaktion auf das Signal trainiert.

300 PECK PIGEONS

Wie bekomme ich eine Taube (engl. pigeon) dazu, 300-mal ohne Belohnung zwischendurch auf eine Taste zu picken? Mit dem nach diesem Trainingsziel benannten Trainingskniff kann ich die Dauer, über die ein Verhalten gezeigt wird, relativ einfach und stressfrei verlängern. Dazu markiere und belohne ich das Wunschverhalten mit jedem Durchgang etwas später: nach einer Sekunde, nach zwei Sekunden, nach drei, vier, fünf und so weiter. Stoppt der Hund das Verhalten, bevor mein Marker ertönt, fange ich wieder auf der untersten Stufe an. Statt mit Sekunden kann ich auch mit Wiederholungen rechnen: Belohnung nach einem Schritt, nach zweien, dreien, vieren und so weiter.

Premackprinzip

Das Premackprinzip, von David Premack, einem US-amerikanischen Verhaltensforscher 1962 formuliert, besagt: „Etwas tun dürfen, was man gern macht und was schon oft belohnt wurde, ist Belohnung für vorheriges Tun." Aus diesem Grund baue ich komplexe Verhaltensketten rückwärts auf.

Daika wartet steady während des Wurfes.

Ein sehr komplexes Verhalten ist beispielsweise der Apport. Ich kann ihn grob gliedern in Aufnehmen, Zutragen, Vorsitzen, Ausgeben. Diese Kettenglieder erarbeite ich zunächst – so weit möglich – getrennt. Der Hund lernt also in der einen Übungseinheit, einen liegenden Dummy zu greifen. In einer anderen Übungseinheit trainiere ich das Tragen, in der nächsten das Ausgeben und in noch einer das Vorsitzen mit Dummy.

Jetzt setze ich die Kette Stück für Stück von hinten zusammen. Zuerst frage ich das letzte Glied ab: Ausgeben auf Hörzeichen. Dann setzte ich das Vorsitzen davor. Ich gebe dem Hund den Dummy in den Fang und animiere ihn mit meiner Körpersprache zum Vorsitzen. Führt er das Verhalten zu meiner Zufriedenheit aus, belohne ich mit der Aufforderung, die Sequenz des Ausgebens zu zeigen, welche abschließend zum Beispiel mit einem Leckerchen bestärkt wird.

War das Vorsitzen nicht zu meiner Zufriedenheit, breche ich mit einem NRM ab und versuche es erneut. Sobald dieser Teil der Kette funktioniert, schalte ich den nächsten davor, im Falle vom Apport also das Zutragen. Trägt der Hund den Dummy zu meiner Zufriedenheit, darf er zur Belohnung Vorsitzen und Ausgeben. Knautscht er hingegen, lässt den Dummy gar fallen oder kommt vielleicht nicht auf direktem Wege, unterbreche ich ihn mit dem NRM. Zum guten Schluss baue ich noch das Aufnehmen ein.

Ruhige Konzentration.

Freigabe zum Apport.

Daika nimmt auf, ...

... trägt zu, ...

... setzt sich vor ...

... und gibt ab.

Ich lasse eine solche Kette nur weiter ablaufen, wenn jedes Glied, jedes Detail dem Ausbildungsstand entsprechend gezeigt wird; andernfalls unterbreche ich. Ein Nebeneffekt solcher Ketten ist, dass der Hund zunehmend weiß, was da nacheinander abgefragt wird und es dann gern eigenmächtig immer schneller abspult. Er überhastet. Dabei können Flüchtigkeitsfehler auftreten. Diese gilt es zu erkennen und dann die Kette entsprechend zu stoppen.

Das kann ich verhindern, indem ich lebenslang immer mal wieder auch schon innerhalb der Kette bestärke. Der Hund darf dann natürlich den Dummy fallen lassen (denn das Markersignal beendet das Verhalten!) und sich sein Futter abholen. Viele fortgeschrittene Hunde wollen aber trotzdem lieber weiterarbeiten, das sei ihnen natürlich gegönnt.

Mit dem Wissen ums Premackprinzip wird klar, warum ich immer darauf achten muss, wie sich mein Hund verhält, bevor ich ihn etwas tun lasse, was er gern macht oder was schon oft belohnt wurde. Schließlich bestärke ich genau dieses vorherige Verhalten mit.

Phasen des Lernprozesses

Der Lernprozess beim Training mit Markersignalen lässt sich in verschiedene Phasen einteilen, die ich – eine nach der anderen – mit meinem Hund durchlaufe. Ich habe die Bezeichnungen von der Schweizerin Nina Miodragovic („So denkt Ihr Hund mit“, siehe Literaturverzeichnis) übernommen.

Bevor ich mit dem Training beginne, mache ich mir ein möglichst detailliertes Bild davon, wie das von mir gewünschte Verhalten in Perfektion aussehen soll. Dann zerlege ich es in möglichst viele kleine Lernschritte. Dass der Hund sie in der von mir angedachten Reihenfolge anbieten wird, ist fast schon unwahrscheinlich. Ich richte mich trotzdem nach seinen Ideen und nicht nach meinem Plan.

Pius folgt dem Handtarget.

Beispielhaft dargestellt wird die Übung „Touch“. Sie eignet sich gut als Einstiegsübung, da die wenigsten Hund bisher Vergleichbares lernen mussten und es auch kein Problem wird, wenn der Hund später doch nicht wie gewünscht reagiert.

Detailliertes Bild vom Endziel:
Der Hund soll auf das Hörzeichen „Touch“ eine hingehaltene flache Hand mit der Nase berühren und diesen Kontakt ausdauernd halten, auch wenn die Hand in Bewegung ist.

- A: Blick zur Hand
- B: Kopfdrehung zur Hand
- C: Schritt zur Hand
- D: Zwei Schritte zur Hand
- E: Halbe Strecke zur Hand
- F: Berührung der Hand, egal wie und wo
- G: Berührung der Hand mit dem Kopf, egal wo
- H: Berührung der Hand mit der Schnauze/Nase, egal wo
- I: Berührung der Handinnenfläche mit der Schnauze/Nase
- J:: Berührung mit der Schnauze 3 Sekunden
- K: Berührung mit der Schnauze 5 Sekunden
- L: Berührung mit der Schnauze 10 Sekunden
- M: Vor der ersten Berührung wird die Hand 10 cm langsam wegbewegt, Hund folgt, berührt
- N: Hand wird zunehmend weiter wegbewegt (30 cm), Hund folgt nahe dran, berührt
- O: Hand wird zunehmend weiter wegbewegt (50 cm), Hund bleibt nahe dran und berührt
- P: HF bewegt sich mit der hingehaltenen Hand, Hund folgt und berührt
- Q: HF bewegt sich zunehmend weiter mit der hingehaltenen Hand, Hund folgt und berührt
- R: HF bewegt sich zunehmend schneller mit hingehaltener Hand
- S: Einführung des Hörzeichens „Touch“, kurz bevor der Hund die Hand berührt
- T: Handzeichen geben, wenn Hund noch in Entfernung
- U: Steigende Ablenkungen
- V: Längere Zeiten/Strecken

Aufgleisen

Beim Aufgleisen geht es darum, dass der Hund eine erste Idee entwickelt, um was es gehen könnte. Ich belohne in sehr hoher Frequenz schon die kleinsten in die richtige Richtung führenden Schritte. Das Markersignal sollte fast schon im Sekundentakt ertönen.

Ich kann den Hund aber auch zum richtigen Ansatzverhalten locken, indem ich ihn bis zu fünfmal mit Futter zum gewünschten Verhalten locke, öfter aber nicht, denn der Hund soll ja selbst aktiv werden und nicht nur hinter dem Futter herstolpern.

Trockenfutter lässt sich gut zwischen den Fingern einklemmen.

Diese minimalen Schritte dienen dem Aufgleisen:

- Blick zur Hand
- Kopfdrehung zur Hand
- Schritt zur Hand

Zum Ansatzverhalten könnte ich den Hund mittels Futtergeruch an der Hand locken. Möglicherweise steigt er dann schon beim entsprechenden Teilschritt in die Übung ein: Berührung der Hand mit der Schnauze.

Shaping (Formen)

Nun „shape" ich mich Schritt für Schritt durch die geplanten Teilschritte des Lernpensums. Zunächst bestärke ich nur den Teilschritt A, bis der Hund diesen zuverlässig zeigt. Dies ist der Fall, wenn A in mindestens sieben von zehn Versuchen ausgeführt wird.

Ab jetzt verzögere ich das Senden des Markersignals. Dies wird den Hund irritieren und dazu provozieren, sein Verhalten etwas zu variieren, um den Marker erneut auszulösen. Bringt uns sein Angebot dem Endziel näher, so nehme ich dies als Teilschritt B an und belohne den Hund.

Im Beispiel ist es also egal, ob der Hund zunächst die Berührung in der Art (Kopf bzw. Schnauze) verbessert oder im Ort (vorderer Bereich der Hand). Jetzt belohne ich sowohl die Version A als auch B für einige Zeit, bis B häufiger gezeigt wird. Ab da gibt es keine weitere Belohnung für die Version A.

Wird der Teilschritt B zuverlässig gezeigt, provoziere ich erneut eine Variante, um dem Endziel noch ein Stück näherzukommen. So hangle ich mich nach und nach vor. Dabei kann es durchaus vorkommen, dass mein Hund einige Teilschritte überspringt oder ich andere noch feiner zerlegen muss, weil sie doch zu schwierig sind. Ebenso ist es möglich, dass ich gleich mehrere Schritte zurückgehen muss, quasi in den Kindergarten, weil mein Hund gerade eine Blockade hat.

Bei all dem achte ich darauf, dass ich nicht Zwischenschritte zementiere, weil ich immer nur diese eine Variante bestätige, oder Wunschverhalten aus Versehen ausschleiche, weil ich es nicht mehr bestätige, oder den Hund versauern lasse, weil ich krampfhaft einen bestimmten Lernfortschritt sehen will, den mein Hund aber noch nicht leisten kann. Ich muss den Ball im Spiel und die Spannung angepasst halten.

Dies bedarf einigen Fingerspitzen- und Bauchgefühls, welches bei Anfängern oder der Arbeit mit einem neuen Hund sicher nicht immer gegeben ist. Aber es wird sich entwickeln. Durch die eigenen Überlegungen, das eigene Beobachten, das eigene Probieren lerne ich.

Das sieht alles sehr langwierig aus, aber ein geübter Hund und ein Trainer mit gutem Auge und Timing lösen eine Aufgabe wie „Touch“ binnen Minuten. Und keine Angst: Probieren geht über Studieren. Training mit Markersignalen ist absolut fehlertolerabel.

Ausstauben

Hat der Hund übers Shaping das Verhalten bis zur erwünschten Perfektion erlernt, folgt jetzt die Phase des sogenannten Ausstaubens. „Ausstauben“ ist ein Begriff aus der Schweiz für Entrümpeln, also unnützen Ballast noch einmal ansehen und dann entsorgen, um anschließend nur noch Nützliches zu behalten. Folglich achte ich darauf, wirklich nur noch Verhalten entsprechend dem erreichten Lernniveau zu bestärken. Denn in dieser Phase testen besonders schlaue Hunde aktiv, was genau zum Verhalten gehört und was nicht: Er „staubt aus“. Es sieht so aus, als mache er absichtlich Fehler. Und besonders Hundeführer, die vorher über Differenzdressur ausgebildet haben, sind jetzt geneigt, dieses vermeintliche Fehlverhalten zu bestrafen, weil „er weiß es doch besser“.

Ich kann davon nur abraten, denn es stört das Vertrauen und senkt beim Hund die Lust an der aktiven Mitarbeit im Lernprozess. Diese Phase geht schnell vorbei, wenn ich ganz konsequent nur die absolut korrekte Ausführung des Verhaltens belohne.

Festigen

Die Phase des Ausstaubens geht fließend in die Phase des Festigens über. Auch jetzt werden konsequent ausschließlich korrekte Ausführungen mit gutem Timing von mir markiert und belohnt.

Dieser Laufhund wartet auf seine Bestätigung, belohnt wird aber nur das korrekte Verhalten.

Erst jetzt führe ich das endgültige Signal ein. Dazu gebe ich es einen Bruchteil, bevor der Hund das Verhalten zeigen wird, und belohne anschließend dessen Ausführung.

Zeigt der Hund eine schludrige Ausführung, so wird dies natürlich nicht belohnt, sondern jetzt sofort mit einem NRM abgebrochen.

Mein NRM ist wie erwähnt das Hörzeichen „Hoppla", denn dieses Wort lässt sich nur schwer mit negativen Emotionen besetzen. Diese will ich nämlich keinesfalls erzeugen. Mein Hund soll nur die Information erhalten, dass die gezeigte Version des Verhaltens für eine Belohnung nicht ausreichend ist. Er soll aber weiterhin motiviert bleiben, sich künftig zu bemühen.

Bevor ich das Verhalten erneut abfrage, lasse ich mindestens 30 Sekunden verstreichen. Schließlich soll der Hund direkt sauber arbeiten und nicht erst mal schludrig anfangen, um dann schnell die richtige Version noch anzuhängen, was eine von mir unerwünschte Verhaltenskette wäre.

Ab jetzt belohne ich nur noch dann das Verhalten, wenn ich es auch per Signal angefragt habe. Freiwillige Angebote des Hundes ignoriere ich. Das gilt allerdings nicht, wenn der Hund das Verhalten als Alternative zu einem Fehlverhalten zeigt. Ein nicht gefordertes „Sitz" beim Anblick von Wild statt wilder Hatz ist natürlich eine Belohnung wert!

Generalisieren

Zum Abschluss muss ich das eingeübte Verhalten noch generalisieren. Ein Teil der Generalisierung findet meist schon während der Shaping-Phase statt. Schließlich übe ich nicht nur daheim im Wohnzimmer, sondern an vielen ruhigen Orten, zu unterschiedlichen Zeiten, bei verschiedenen Wetterlagen und mit zufälligen Ablenkungen.

Doch jetzt gehe ich dieses Thema noch einmal ganz gezielt an. Dazu suche ich andere Umgebungen auf, biete höhere Ablenkungen, nehme selbst verschiedene Körperhaltungen bei Gabe des Signals ein und so weiter.

Das Signal wird einmal gegeben. Dann warte ich ab, was der Hund tut. Es kann einen Moment dauern, bis er aktiv wird. Dennoch markiere und belohne ich anfangs auch zögerliche oder schlechte Ausführungen, um anschließend meine Ansprüche wieder zu steigern.

Sobald ich mit meinem Hund das Endniveau erreicht habe und er unter den unterschiedlichsten Gegebenheiten auf das Signal hin sein Verhalten ordentlich zeigt, bestärke ich nur noch variabel und bevorzuge dabei Ausführungen unter besonders schwierigen Umständen.

Was tun, wenn der Hund nicht will?

Jetzt habe ich ein Verhalten in kleinen Schritten mit allen oben beschriebenen Finessen aufgebaut und auch schon umfassend generalisiert. Die Phase des Ausstaubens liegt hinter mir. Und plötzlich verweigert mein Hund offenbar die Mitarbeit. Seine Motivation, sich nach meinen Wünschen zu richten, bricht zusammen. Was kann ich nun tun?

Zunächst prüfe ich, ob mein Hund gesundheitlich fit ist. Besonders Veränderungen des Hormonhaushaltes können zu unerklärlichen Verhaltensänderungen führen. Das kann in der Pubertät der Fall sein, wenn die Hündin läufig oder scheinträchtig wird, der junge Rüde auf das andere Geschlecht aufmerksam wird, aber auch durch Krankheiten wie zum Beispiel Fehlfunktionen der Schilddrüse.

Während der Pubertät schraube ich meine Anforderungen deutlich zurück, gehe mit manchen Übungen auch wieder auf Kindergartenniveau, denn in dieser Zeit kommt es zu strukturellen Umbildungen im Gehirn. Der Hund kann dann Erlerntes vorübergehend nicht wie üblich abrufen, selbst wenn er wollte.

Zeigt hingegen der erwachsene Hund massive, unerklärliche und ungewöhnliche Veränderungen in seiner Leistungsbereitschaft, dann suche ich einen Tierarzt auf. Liegt keine Erkrankung vor, hat sich vermutlich einfach nur die Motivationslage meines Hundes deutlich verschoben, was bei jagdlich geführten Hunden schnell mal passiert. Als souveräner Teamführer bleibe ich trotzdem ruhig. Denn ich weiß, dass der Hund dies nicht tut, um mich zu testen, sondern nur, weil es ihm persönlich mehr Freude zu versprechen scheint.

Nun liegt es an mir, seine momentan von mir nicht erwünschten Verhaltensalternativen zu verhindern. Dies kann durch Anleinen oder das weiter unten beschriebene Setzen von Grenzen erfolgen. Dann warte ich ab, bis der Hund Ansätze zeigt, um doch noch das von mir gewünschte und von ihm beherrschte Verhalten auszuführen, egal wie lange das dauert. Jeden Schritt in die richtige Richtung kommentiere ich erfreut.

Es ist ein bisschen wie das Kinderspiel „Topfschlagen" mit den Hinweisen „heiß" und „kalt". Möglicherweise fragt der Hund nun bei jedem Teilschritt nach, ob ich immer noch bei meiner Meinung bleibe – und das tue ich, wenn irgendwie möglich, selbst wenn das bedeutet, dass ich beim Apport aus dem Wasser mit ins kühle Nass muss.

Freundlich, aber bestimmt bleibe ich bei der Sache. Hat der Hund das Verhalten endlich ausgeführt, wird er erfreut gelobt und belohnt, falls möglich, mit der Erlaubnis, das zu tun, was vorher sein Begehr war. So lernt er, dass die Ausführung meiner Arbeitsaufträge nicht optional ist und er nicht die freie Wahl hat, ohne dass ich ihm das Verhalten an sich durch unangenehme Einwirkungen verleide.

Ich zwinge meinen Hund also nicht aktiv, sondern baue darauf, dass ihm durch das Verwehren von Alternativen bald so langweilig wird, dass er doch tut, wozu er zunächst keine Lust hatte, und dann erkennt, dass er auf diesem Wege am sichersten und schnellsten dazu kommt, seine ursprüngliche Motivation zu befriedigen.

FAZIT

- *Allgemein markiere und belohne ich Wohlverhalten und warte nicht erst auf Fehlverhalten.*
- *Ich habe ein klares Trainingsziel.*
- *Ich zerlege es in kleine Schritte.*
- *Ich übe es erst im Nahbereich und dann auf Entfernung.*
- *Ich arbeite erst ohne, dann mit Ablenkungen, danach mit Ersatzkonflikten und erst zum Schluss mit echten Konflikten.*
- *Ich nutze gezielt diverse Arten von Belohnungen. Entsprechend gibt es alles aus dem Themenkreis Jagd ausschließlich nach einem Wohlverhalten. Selbstbelohnungen werden möglichst verhindert.*
- *Funktioniert etwas nicht wie erwartet, prüfe ich den Grund. War die Anforderung zu hoch, schraube ich sie zurück. Waren die Kommunikation und das mentale Band abgebrochen, stelle ich es wieder her. Fehlte die passende Motivation, ändere ich die Motivationslage.*

Der Jagdhund im Alltag

Prinzipiell steht es jedem Hundehalter frei, seine eigenen im Haus gültigen Regeln aufzustellen. Wichtig ist, dass es überhaupt Regeln gibt und diese auch befolgt werden. Denn wenn daheim ein regelloses Leben geführt wird, kann ich nicht erwarten, dass der Hund draußen plötzlich Regeln akzeptiert.

Eine für jeden Hundehalter wichtige Regel, ist die „Kapitäns-Regel". Das heißt, ich bin der Teamführer und sollte den Hund beliebig von Plätzen verweisen, ihm beliebig Ressourcen zuteilen oder abverlangen können. Doch kann ich diesen Sonderstatus nicht erzwingen, sondern muss meinen Hund so führen und trainieren, dass er ihn mir freiwillig zubilligt.

Umgang mit Familienmitgliedern

Jeder Hund sollte eine Hauptbezugsperson haben. Bei meinem Hund bin ich das, nicht mein Partner, keines der Kinder, nicht meine Eltern oder wer sonst mit mir zusammen wohnt. Ich als Bezugsperson übernehme die Aufzucht und Ausbildung meines Hundes und die volle Verantwortung. Meine Mitbewohner instruiere ich, wie sie mit meinem Hund umgehen sollen.

Der Hund muss freiwillig in seinem Menschen den Teamführer sehen.

Sie haben aber absolutes Mitspracherecht, welche Umgangsregeln gelten sollen. Darf der Hund in die Küche? Darf er aufs Sofa? Da gehen die Wünsche meiner Familie natürlich vor. Aber wie dem Hund diese Regeln klargemacht werden, das entscheide ich. Und kann ich mir nicht sicher sein, dass meine Leute mit mir in den wichtigen Dingen an einem Strang ziehen, dann sollte ich besser gar keinen Hund halten.

Besonders Kinder sind im Umgang mit meinem Hund zu instruieren und beide Parteien zu überwachen. Kleine Kinder und Hunde sollten nicht unbeaufsichtigt zusammen allein gelassen werden, auch nicht bei noch so sensiblen Kindern und noch so gut sozialisierten Hunden. Beide brauchen meine Führung. Wenn etwas passiert, dann bin ich allein verantwortlich!

Wo sich der Hund aufhalten darf

Mein Hund kann auf dem Boden, im Korb, auf dem Sofa oder auch im Bett schlafen, ganz wie es mir persönlich recht ist, solange er jeden Platz auf mein Signal hin räumt.

Natürlich sollte ein Hund, der Probleme im Beziehungsbereich macht, gar aggressiv ist, keinen Zugang zu menschlichen Sitz- und Schlafmöbeln haben, wenn Menschen anwesend sind, einfach schon, um Unfällen vorzubeugen. Treffe ich den Hund dort an, wird er sofort des Platzes verwiesen. Dies muss überhaupt nicht offensiv passieren, sondern kann ganz ruhig den erlernten Signalen wie „Runter“, „Raus“ oder Führen an einer im Haus getragenen Schleppleine geschehen. So vermeide ich eine unnötige Eskalation.

Denn hat mein Hund solche Probleme, so zeigt es mir auch, dass unsere Beziehung noch nicht wie gewünscht vertrauensvoll ist und er mir die Führung zumindest in diesem Punkt noch nicht überlassen will. Es gilt also, an mir und an der Situation konsequent zu arbeiten.

Treffe ich den Hund jedoch an einem erlaubten Platz an, dann lobe ich ihn, gebe ihm eventuell auch eine Belohnung. So merkt er bald den Unterschied zwischen einem angenehmen Liegeplatz und einem Ort, wo er regelmäßig mit Störungen rechnen muss.

Für Welpen, Junghunde und problematische Hunde ist es sinnvoll, sie an eine Box als Rückzugsort zu gewöhnen. Näheres dazu siehe „Alleinbleiben“.

Der Hund kann das gesamte Haus zur Verfügung haben. Ich kann aber auch einzelne Räume oder Bereiche dauernd oder zeitweise tabuisieren. Je schwerer der Hund sich tut, von mir gesetzte Grenzen zu akzeptieren, desto wichtiger ist es, dies eben auch anhand von Tabuzonen regelmäßig zu erarbeiten. Denn draußen im Revier bei Wildkontakt wird seine Motivation noch höher sein, seine Wünsche durchzusetzen, egal, wie ich dazu stehe.

Richtig füttern

Was man seinem Hund füttert, hängt sowohl vom Hund als auch vom Halter ab. Nicht jeder Hund verträgt jedes Futter. Nicht jeder Halter hat die Gegebenheiten, jedes Futter zu erwerben, zu lagern oder zu füttern. Ich persönlich bevorzuge

Birka wird aus dem Futterdummy belohnt.

eine proteinreiche Rohfütterung, die in Leistungsspitzen wie der Drückjagdsaison stark mit Kohlenhydraten und tierischem Fett ergänzt wird. Die meisten Jagdhunde vertragen diese Form der Ernährung sehr gut und die Jäger haben in der Regel dazu auch die Möglichkeiten.

Der Welpe bekommt mehrere Mahlzeiten über den Tag verteilt. Da besonders großwüchsige Rassen während des Wachstums eine doch recht ausgewogene Ernährung benötigen, verwende ich zu dieser Zeit Teile der Tagesration als Belohnung. Je älter der Hund wird, desto weniger Mahlzeiten werden es. Ich füttere die eine Hälfte morgens, dann hat der Hund etwas im Bauch und wird auch bei starker Anstrengung nicht so sehr zum Anschneiden, Klauen oder Unratfressen verleitet. Über den Tag gibt es Futter in Form von Belohnungen für Wohlverhalten oder Trainingserfolge. Am Abend, wenn keine weiteren Arbeiten mehr anliegen, gebe ich dann die zweite Hälfte bzw. den Rest der Tagesration. Nur wenn mein Hund sich gefüttert quasi gar nicht mehr auf mich konzentrieren kann, streiche ich die Fütterung aus dem Napf komplett und lasse ihn die gesamte Tagesration als Belohnungen erarbeiten.

Das Ganze sollte aber nicht zum Starkzwang ausarten, indem der Hund aus purem Überlebenswillen vor lauter Hunger mit mir kooperiert. So etwas hat nichts mit Teambildung oder freiwilliger Anerkennung von Führung zu tun.

Belohnungen verstärken das zuvor gezeigte Verhalten. Dies trifft natürlich auch zu, wenn ich meinem Hund den Napf reiche. Daher achte ich darauf, wie er sich im Moment der Fütterung verhält. Ich möchte einen Hund, der sich zurückhält, mich den Napf abstellen lässt und erst auf meine Freigabe näher tritt und zu fressen beginnt.

Beim Welpen kann ich abwarten, bis er das gewünschte Verhalten zeigt, bevor ich den Napf hinstelle. Ihn kann ich auch mit wenig Gestik noch von der Schüssel fernhalten. Springt der Hund vor der Freigabe auf, nehme ich den Napf wieder hoch.

Bei älteren Hunden, die es bereits anders gelernt haben, kann es nötig sein, das Wunschverhalten in Einzelschritte zu zerlegen und diese mittels Marker punktgenau zu kennzeichnen, bis auch diese Hunde sich gesittet benehmen.

Bei sehr aufdringlichen, springfreudigen Hunden kann es auch helfen, sie vorübergehend bei der Fütterung so anzubinden, dass sie mir nicht gleich in den Napf springen können. Schlussendlich übt man so auch die Impulskontrolle und Frustrationstoleranz seines Hundes.

Bei Mehrhundehaltung gebe ich dem zuerst, der am ruhigsten und ausgeglichensten wartet.

Pflege und Versorgung

Jagdhunde haben ein deutlich höheres Verletzungsrisiko als reine Familienhunde. Ich gewöhne sie daher von klein auf daran, dass ich ihren Körper an allen möglichen Stellen betaste und untersuche. Dies sollte der Hund sowohl im Stehen als auch im Liegen entspannt mit sich geschehen lassen. So kann ich mögliche Verletzungen frühzeitig erkennen und sollte eine Behandlung beim Tierarzt nötig sein, ist der Hund mit vielen seiner Handgriffe schon vertraut.

Während meiner Untersuchungen gehe ich wie üblich ruhig, bestimmt und selbstsicher vor. Gleichzeitig belohne ich jedes Wohlverhalten und dehne langsam die Dauer und Intensität meines Tuns aus. Zu meinen Übungen gehört es, alle Körperöffnungen wie Mundhöhle und Ohren zu inspizieren, ein Blick in die Augen zu werfen, indem ich das untere Lid etwas herunterziehe, Fieber zu messen, alle Zehen einzeln durchzubewegen und in Augenschein zu nehmen, einen Pfotenverband anzulegen, Krallen zu feilen und Zecken rauszudrehen. Ebenso tropfe ich mal Augentrost ins Lid, spüle die Ohren mit einer entsprechenden Lösung vom Tierarzt oder sprühe Wasser auf imaginäre Wunden.

Denn wenn ich mit dem gesunden Hund dies alles übe, ist er viel entspannter, als wenn er schon Schmerzen hat oder gar meine Aufregung deswegen bemerkt. Außerdem habe ich beim gesunden Hund alle Zeit der Welt fürs Training, wogegen bei einem kranken Hund oft die Zeit drängt und ich ihn auch gegen seinen Willen behandeln muss, was sich kaum förderlich auf unser Vertrauensverhältnis auswirken wird.

Bei den Übungen achte ich auf die Körpersprache meines Hundes. Zeigt er Anzeichen von Stress, nehme ich mich zurück, arbeite mich ganz langsam wieder vorwärts und belohne sehr kleinschrittig, bis der Hund meine Untersuchungen ruhig und entspannt ertragen kann.

Neben diesen prophylaktischen Untersuchungen und natürlich dem regelmäßigen Check-up beim Tierarzt gehört auch so was Profanes wie die regelmäßige Fellpflege zum Umgang mit dem Hund. Des Weiteren mindere ich Erkrankungsrisiken aller Art. Das heißt, dass ich meinen Hund vor extremen Hochleistungen aufwärmen lasse und ihn nach der Arbeit wenn nötig abtrockne und warm halte.

Bei einer Hatz auf eine angeschweißte Sau kann eine Schutzweste unter Umständen lebensrettend sein.

Jagd ist schon so anstrengend genug und hochpassionierte Hunde betreiben dabei Raubbau an ihrem Körper. Das muss ich nicht durch mangelhafte Fürsorge noch verstärken. Dabei ist es mir auch egal, ob „alte Hasen" mich oder meinen Hund als „Weichei" betiteln. Im Reitsport käme auch niemand auf die Idee, ein abgekämpftes, nasses Pferd einfach so in eine kalte Box zu stellen.

Ebenso schütze ich meinen scharf am Schwarzwild jagenden Hund mit einer Schlagschutzweste. Diese kann ihm das Leben retten. Mein Hund ist für mich nicht beliebig durch einen anderen ersetzbar.

Entspannung lernen

Es mutet für viele sicherlich ungewöhnlich an, dass ich als eines der ersten Lernziele überhaupt die Entspannung erwähne. Aber das hat einen guten Grund. Entspannung ist quasi das Gegenstück zu Erregung. Je erregter ein Lebewesen ist, desto mehr wird es von seinen Emotionen kontrolliert und instinktiv reagieren und umso weniger kann es bewusst erlerntes Verhalten abrufen oder überhaupt etwas Neues lernen. Viele Dinge im Leben eines Hundes sind jedoch erregend, besonders für junge Hunde, wenn Jagdverhalten gefragt ist.

Das gemeinsame Entspannen tut beiden gut und festigt die Bindung.

Ist mein Hund also richtig aufgeregt, kann er mich und meine Signale nicht mehr wahrnehmen. Nur noch sehr harte Einwirkungen hätten eventuell eine Chance. Da diese aber ebenfalls Stress auslösen, führen sie selten zu einer langfristigen Besserung des Problems, sondern eher zum Gegenteil.

Damit ich also sinnvoll mit meinem Hund auf positivem Weg lernen kann, muss sein Erregungsniveau jeweils entsprechend angepasst sein. Es ist also hilfreich, wenn ich dieses gezielt ändern bzw. absenken kann.

Dazu verknüpfe ich entsprechende Signale klassisch mit einem entspannten Zustand des Hundes. Während der Welpe auf meinem Schoß einschläft, gebe ich immer wieder ein bestimmtes Geräusch von mir (ich persönlich schmatze ganz leise, wie ein Welpe an der mütterlichen Zitze) oder wiederhole im leisen Singsang ein Wort wie „easy“, „ruhig“ oder „ommm“.

Außerdem kann ich die Entspannung auch mit einem Geruch verknüpfen, wie ich es von einer Kollegin übernommen habe. Dazu nutze ich ein Tuch mit einem verdünnten ätherischen Öl wie zum Beispiel Lavendel. Dies kann ich später in besonders erregenden Situationen zusätzlich zum akustischen Singsang anwenden. Nutze ich das Tuch als Halstuch, wäre es zusätzlich ein taktiles Signal; liegt es nur in der Nähe, wäre es ein optisches. Je nach Situation kann ich also auf mehreren Wegen meinem Hund Entspannung signalisieren.

Wichtig ist, dass diese klassische Konditionierung immer wieder aufgefrischt wird, der Hund also, auch wenn er älter ist und entspannt einschläft oder von mir entspannend massiert wird, diese Signale verknüpft. Aber Achtung, die Entspannungssignale sollte man nicht anwenden, wenn der Hund einen besonders aufregenden, stressigen Tag hatte! Im Schlaf wird dieses oft noch verarbeitet. Ich hatte schon Fälle, in denen der Hund dann das genaue Gegenteil von Entspannung mit dem Singsang und Geruch verknüpfte.

Eine weitere Möglichkeit, einen schon stark erregten Hund wieder runterzufahren und auf mich zu konzentrieren, ist die Verwendung eines Stopp-Beruhige-dich-Signals wie „woah“, das ich ursprünglich im Umgang mit Pferden nutzte. Als taktiles Signal und anfangs mechanische Bremse lege ich dem Hund meine flache Hand auf die Vorderbrust.

Morten ist sehr abgelenkt und nicht mehr ansprechbar, ...

Wie üblich beginne ich das Training mit einem ruhigen, konzentrierten Hund in ablenkungsarmer Umgebung. Da Hunde Berührungen während des Trainings meist als unangenehm empfinden, weiche ich in diesem Fall vom sonst bevorzugten Weg der operanten Konditionierung – erst das Verhalten erarbeiten, dann das Signal verknüpfen – ab, kündige meinem Hund die Einwirkung gleich an und verknüpfe sie direkt klassisch positiv.

Ich sage also erst „woah“, fasse danach meinem Hund vor die Brust, marker und belohne die Berührung, noch während ich sie aufrechterhalte. Hat der Hund seine Belohnung bekommen, nehme ich meine Hand wieder weg. Erst wenn mein Hund sich an das Anfassen gewöhnt hat, arbeite ich operant weiter.

... reagiert aber auf das beruhigende, umorientierende Handauflegen an der Brust.

Nun warte ich nach meiner vorher angekündigten Berührung mit dem Marker, bis sich mein Hund etwas von meiner Hand zurücknimmt, sich gar mir zuwendet. Dies übe ich auch bei zunehmend aufregenderen Ablenkungen. Als Futtergabe eignet sich hier die Futtertube besonders.

Nach intensivem Training kann ich – je nach Situation – meinen Hund mit Hörzeichen oder auch lautlos mit Hand-vor-die-Brust-Legen abregen, sodass er sich wieder auf mich konzentriert. Auch diese Signale müssen lebenslang immer wieder in stressfreier, entspannter Umgebung aufgeladen werden, sonst würden sie sich ins Gegenteil verkehren.

Ist mein Hund durch Umweltreize oder durchs Training zu aufgedreht, reicht es natürlich nicht, dass ich nur die Entspannungssignale gebe. Ich muss mich auch runterfahren, entspannen, tief in den Bauch atmen. Durch das gemeinsame Lernen der Entspannung wirken die Signale aber auch bei mir. Erst wenn mein Hund und ich wieder ruhig und konzentriert sind, geht es erfolgreich weiter mit dem Lehren und Lernen.

Grenzen akzeptieren

Hier geht es darum, dass ich mich übe, Grenzen so zu setzen, dass mein Hund sie akzeptieren kann. Andererseits lerne auch ich zu erkennen, wann mein Hund mir welche zeigt. Hunde können untereinander diverse Ressourcen beanspruchen und sie gegen Übergriffe von anderen durch das Setzen von Grenzen schützen, ohne dass es zu körperlichen Auseinandersetzungen deswegen käme.

Genau das möchte ich zwischen mir und meinem Hund auch etablieren. Denn wenn ich das wirklich beherrsche, dann habe ich in vielen neuen Situationen die Möglichkeit, meinen Hund zu stoppen, indem ich eine Sache oder ein Gebiet als meine Ressource kennzeichne. Aber ich merke auch frühzeitig, wenn mein Hund sich oder eine Ressource gegen mich abgrenzt.

Damit Mensch und Hund sich in die Rollen des Führenden, der Grenzen setzt, und des Geführten, der Grenzen akzeptiert, einfinden, gibt es einige geeignete Übungen. Dabei soll der Hund auf einem bestimmten Platz bleiben, ein bestimmtes Tun unterbrechen oder eine bestimmte Ressource des Menschen in Ruhe lassen – die Übergänge zwischen den einzelnen Anforderungen sind oft fließend.

Einen bestimmten Raum zur freien Verfügung zu haben, könnte als Ressource gewertet werden; auf einem Platz zu bleiben, ist die Konsequenz des Abbruchs vom Verhalten, diesen Platz zu verlassen. Ziel ist aber nicht nur, dass der Hund das entsprechende Verhalten zeigt bzw. eben nicht zeigt, sondern vielmehr, dass ich lerne, Grenzen und ihre Einhaltung so zu vermitteln, dass mein Hund dies problemlos und stressfrei akzeptieren kann.

Dies ist der Fall, wenn er mich nach Ansage einer Grenze entspannt, aufmerksam, fast fragend betrachtet oder sich unbeeindruckt anderen Dingen widmet. Versucht er hingegen vehement, die Grenze zu übertreten oder zeigt sich eingeschüchtert, dann haben wir das Ziel nicht erreicht und ich muss weiter an mir arbeiten.

Ich muss eine meinem Führungsanspruch gerecht werdende Ausstrahlung und Konsequenz entwickeln. Ich agiere ruhig, bleibe im emotionalen Gleichgewicht und bin mir sicher, dass ich die Führung auch tatsächlich ausüben will. Ich werde keinesfalls ärgerlich, wütend oder unbeherrscht. Für die folgenden

Übungen sollte ich also schon zu Beginn ausgeglichen sein und mir sagen, dass ich alle Zeit der Welt habe.

Ist das nicht der Fall, sollte auch nicht geübt werden, denn der Hund merkt, dass ich in meinem Führungsanspruch dann nicht authentisch bin, und wird sich wahrscheinlich verweigern. Und dann wird es auch für die meisten Menschen schwierig, weiterhin emotionslos zu bleiben. Das Training läuft folglich überhaupt nicht wie geplant. Hilflosigkeit und Frust kommen auf, ich werde womöglich sogar zunehmend wütend, verhalte mich also immer weniger wie eine gute Führungskraft – es ist ein Kreislauf.

Diese Übungen schulen beide Parteien. Denn ich kann den Hund nicht zu Ruhe und Entspannung zwingen. Ich muss selbst ruhig und entspannt sein, damit der Hund dies übernehmen kann. Zudem lerne ich, die Körpersprache meines Hundes möglichst genau zu lesen, denn Ziel ist es, „unerwünschtes“ Verhalten schon im Ansatz zu stoppen – es gilt zu erspüren, ob und wann der Hund probieren wird, ob ich das mit der Grenze wirklich so meine. Die Reaktion soll so früh erfolgen, dass sie fast schon eine Aktion ist. Je früher ich agiere, desto mehr muss ich selbst die Kommunikationsverbindung zum Hund halten und aufpassen, auch wenn ich nebenher noch etwas anderes tue – Kommunikation setzt den Willen beider Parteien dazu voraus.

ACHTUNG!

Wer ein bereits bestehendes Aggressionsproblem mit seinem Hund hat oder bei diesen Übungen feststellt, dass der Hund auf die Versuche, ihn einzuschränken, mit Drohverhalten reagiert, hat noch nicht die passende Basis. Es mangelt an Vertrauen und Bindung. Dies ist vorrangig zu ändern bzw. es sollte geprüft werden, ob die Ausstrahlung des Menschen nicht fehlerhaft ist. Wer trotz der Warnungen des Hundes diesen weiter einschränkt, also die vom Hund gesetzte Grenze nicht akzeptiert, riskiert einen ernsthaften Angriff! Auch mein Hund darf Grenzen setzen!

Ebenso fordern mich Welpen und Junghunde hier sehr. Es ist deutlich schwerer, ihnen gegenüber ausreichend ernst und bestimmt zu bleiben, ganz besonders, wenn sie meine vielleicht noch unzureichenden Bemühungen verwirren und sie dies mit Übersprunghandlungen wie Spielverhalten quittieren. Im Zweifel warte ich mit den Übungen, bis der Hund nicht mehr so „albern“ ist und ich ihm nicht mehr restlos verfallen bin. Denn auch diese kleinen Racker merken es instinktiv, wenn ich innerlich schon grinsen muss. Niemand ist perfekt!

Den Hund auf ein Gebiet begrenzen

Wenn ich mit diesem Training beginne, achte ich anfangs darauf, dass mein Hund schon ausreichend Bewegung und Beschäftigung hatte. Dann fällt es ihm deutlich leichter, das nun gewünschte Verhalten zu zeigen. Ich führe den Hund ruhig auf seinen Platz. Dort angekommen, animiere ich ihn zu bleiben. Ich gebe aber kein spezielles Signal wie „Sitz“, „Platz“ oder „Ablegen“. Ich will den Hund schließlich nicht in einer bestimmten Position fixieren, sondern auf ein bestimmtes Gebiet begrenzen. Innerhalb dieses Gebietes darf er tun, was er möchte.

Wie ich den Hund nun genau zum Bleiben veranlassen kann, dazu gibt es kein Patentrezept, das muss jeder für sich und seinen Hund ausprobieren. Allgemein kann man sagen, dass eine frontale Stellung gar mit Schwerpunktverlagerung zum Hund, ein harter, fester Blick und Körperspannung den Hund eher auf Abstand halten, da es dem hündischen Drohverhalten ähnlich ist. Ein Zudrehen der Seite oder des Rückens, ein entspannter Körper, Schwerpunktverlagerung weg vom Hund, ein weicher, sanfter Blick, nicht direkt in die Augen, gar vom Hund weg, animieren ihn eher zum Kommen und Anschließen. Das Ablegen kann ich durch eigene Entspannung und tiefes Ausatmen fördern.

Ist der Hund auf seinem Platz, gebe ich ihm noch ein Leckerchen. Dann platziere ich mich mit passender Körpersprache in unmittelbarer Nähe und wende mich anderen Dingen zu. Dabei behalte ich den Hund aber im Augenwinkel und habe mental ein Bild vom ruhig bleibenden Hund vor Augen. Gelegentlich gebe ich ihm weitere kleine Belohnungen, nutze aber dabei keinen Marker, da dieser das Verhalten beenden würde.

Grenze: Emma soll auf ihrer (im Bild kaum sichtbaren) Decke bleiben.

Macht der Hund Anstalten, seinen zugewiesenen Platz zu verlassen, stoppe ich ihn mittels entsprechender Körpersprache, gehe vielleicht auch einen Schritt auf ihn zu. Ich untermale dies noch mit einem kurzen Laut wie zum Beispiel „ah-ah“ begleitet von einer Bewegung der gespreizten, „Stopp“ signalisierenden Hand auf den Hund zu.

Das Ziel ist es aber, so wenig Druck wie möglich auszuüben. Der Hund soll nicht eingeschüchtert reagieren und nicht mehr als kurzfristig leichte Beschwichtigungssignale zeigen. Diese Grenze muss also ich erkennen!

Besonders die Handbewegung kann kritische Reaktionen auslösen. Sie darf niemals bei erwachsenen Hunden angewendet werden, wenn das Vertrauens- und Führungsverhältnis ungeklärt ist. Sie könnten mit Abschnappen reagieren.

Sollte ich verpasst haben, wie der Hund seinen Platz verlässt, so sammle ich ihn wortlos ein und führe ihn genauso ruhig zurück – der Fehler lag bei mir, nicht beim Hund! Denn wenn ich mich nicht mehr auf den Hund konzentriere – und das habe ich, sonst hätte ich den richtigen Zeitpunkt nicht verpasst –, dann darf er tun, was er gerade will. Nimmt der Hund sich auf mein Grenz-Signal zurück, kommentiere ich dies sofort wohlwollend, aber ruhig. Etwas später gibt es auch wieder eine kleine Belohnung, und zwar erst etwas später, damit ich nicht eine Kette bilde aus Grenzverletzung, Rücknahme, Belohnung.

Dieses Training dehne ich aus, bis ich mich immer weiter weg vom Hund aufhalten kann, immer verlockendere Dinge um ihn herum geschehen und er den zugewiesenen Platz dennoch nicht verlässt oder sich auch auf Distanz durch mein „ah-ah“ und meine Körpersprache stoppen lässt.

Für sich selbst einen bestimmten Platz abgrenzen

In diesem Fall führe ich den Hund anfangs nicht an eine bestimmte Stelle, sondern verhindere einzig durch Körpersprache, dass er in „mein“ Gebiet eindringt. Übungsgebiete können einzelne kleine Teppiche sein, auf denen ich gerade sitze (zum Beispiel Leseecke) oder arbeite (zum Beispiel Bügelbrett) oder Räume, in denen ich mich gerade aufhalte (zum Beispiel Küche).

Auch hier kommt es drauf an, möglichst früh zu erkennen, dass der Hund sich anschickt, über die Grenzlinie zu treten, und ihm dies mittels „ah-ah“ anzukündigen und entsprechend zu verhindern. Im Gegensatz zur vorherigen Übung muss der Hund aber nicht dort verweilen, sondern kann sich auch abwenden und anderen Dingen außerhalb der Tabuzone nachgehen.

Übertritt der Hund die Grenze, kommentiere ich dies mit „raus da“ und schicke ihn sofort in den erlaubten Bereich zurück. Je nach Hund reicht dafür ein Zuwenden und eine entsprechende zeigende Geste oder ein sachtes Rausführen; manche Hunde muss ich vielleicht sogar körperlich bedrängen oder zurücktragen, weil sie wie meine Bracken in jungen Jahren unter spontaner Schwäche zusam-

Klaus weist Morten zurück auf den Weg.

menfallen – „Frauchen, ich würde ja, aber ich kann nicht". Wie bereits beschrieben, achte ich dabei feinfühlig auf die Körpersprache meines Hundes und passe mein Verhalten in Zukunft an.

Sehe ich, dass der Hund sich der ihm bekannten Tabuzone nähert, sie aber nicht verletzt, sondern sich zurückhält, belohne ich dieses erwünschte Verhalten außerhalb der Sperrzone.

Das Nichtverlassen eines Gebietes oder auch Nichtbetreten eines anderen Gebietes, also das Erkennen, Verstehen und Akzeptieren von optischen Grenzen, übe ich in weiteren Schritten auch draußen. Dabei stelle ich mir die Bereiche, die der Hunde nutzen darf, grün vor und die Sperrzonen rot. So kann der Bürgersteig grün, die Vorgärten und die Straße aber rot sein, der Feldweg grün und die Äcker rot, der Stoppelacker grün und der angrenzende Maisacker rot.

Je mehr ich optische Grenzen im Alltag auch zeitweise als meine geltende Grenze darstelle, den Hund mit „ah-ah" aufmerksam mache und mittels Körpersprache und „raus da" zurück auf das ihm freigegebene Gebiet verweise, desto wahrscheinlicher wird er mich in Zukunft befragen, ob ein Betreten gerade erlaubt oder unerwünscht ist.

Den Zugang zu stofflichen Ressourcen begrenzen

Hierzu lege ich zunächst abseits vom Hund eine Ressource (wie zum Beispiel Leckerchen oder Spielzeug) frei auf den Boden und setzte mich direkt daneben. Den Abstand zum Hund brauche ich vor allem, um genug Reaktionszeit zu haben, aber auch um bei Hunden mit unbekannter Vorgeschichte nicht überraschend in eine übermäßige Ressourcenverteidigung zu geraten.

Will der Hund sich nähern, es gar wegnehmen, signalisiere ich deutlich, dass er wegbleiben soll, unterstreiche dies mit meinem „ah-ah“ und decke meine Ressource blitzartig mit der Hand ab, wenn er sich doch weiter nähert. Zögert der Hund oder wendet sich ab, kann ich dieses Verhalten mit einem Leckerchen aus meinem Vorrat belohnen. Ich nehme aber niemals genau das Leckerchen, das ich als Verleitung ausgelegt hatte. Ich will schließlich keine Verhaltenskette bilden die lautet: Interesse zeigen, Abdrehen und dann doch bekommen, was man ursprünglich begehrte. Denn eines Tages überspringt der Hund den Teil mit dem Abdrehen und bedient sich gleich.

Erst wenn der Hund zeigt, dass er sich nicht mehr zu sehr nähern will, gehe ich selbst auf Abstand zu meiner Ressource, behalte aber die Ausstrahlung „meins“ ganz klar bei. Dabei gehe ich nur so weit weg, dass ich bei einem Ansatz des Hundes, jetzt sein Glück zu versuchen, sofort wirksam einschreiten und die Ressource sichern kann. Dabei habe ich ein Bild von meiner unbehelligten Ressource im Kopf und nicht eines von meinem Hund, der sie nehmen will.

Ein souveräner Anführer ist sich sicher, dass seine Grenzen akzeptiert werden. Er hat es nicht nötig, innerlich gespannt und unsicher auf ihre Einhaltung zu achten. Auch jetzt belohne ich gelegentlich das Wunschverhalten mittels Leckerchen aus meinem Vorrat.

Klappt auch dies, wende ich mich anderen Dingen zu, habe aber immer noch meine Ressource, die unberührt da liegt, im Kopf und behalte den Hund im Augenwinkel.

Für viele Hunde ist ihr Spielzeug eine ganz wichtige Ressource.

Erhebe ich keine weiteren Besitzansprüche, so signalisiere ich auch dies, entspanne mich deutlicher, ignoriere die Ressource und den sich eventuell annähernden Hund oder gebe sie ihm besser noch aktiv, dann ist der Unterschied für ihn am deutlichsten.

Ich handhabe es im Alltag so, dass alles, was am Boden liegt, vom Hund prinzipiell genommen werden darf, außer, ich erhebe gerade jetzt Einspruch. Sachen, die mir wirklich wichtig sind, liegen selten am Boden.

Alles was irgendwie erhöht lagert, gehört hingegen prinzipiell mir und darf nur mit meiner Einverständniserklärung genommen werden. Damit das Leben mit Welpen und Junghunden nun aber nicht zu einem reinen Grenzen-Lernen verkommt, räume ich durch die unstillbare Neugier und das durch die Zahnung bedingte Kaubedürfnis gefährdete Gegenstände zeitweise außer Reichweite.

Den Zugang zu nichtstofflichen Ressourcen begrenzen

Diese Übung ähnelt der vorangegangenen, da Hunde oft hinter der verschlossenen Tür (Haustür, Terrassentür, Gartentür, Autotür) etwas Besonderes, Erstrebenswertes erwarten. Sie sind also in einer deutlich gespannten Situation.

Auch hier arbeite ich überwiegend nonverbal. Es gibt also keine speziellen Hör- oder Sichtzeichen zum Bleiben, sondern nur die Grenzsignale „ah-ah" und die gespreizte Hand. Ich gehe mit dem Hund zur Tür. Dort warte ich so lange, bis er sich beruhigt und mit mir Kontakt aufnimmt. Tut er dies, greife ich als Belohnung zur Klinke. Mein Hund will schließlich gerade sehr gern durch diese Tür, jeder Schritt in diese Richtung ist eine Belohnung. Springt er jetzt los, lasse ich die Türe geschlossen und nehme die Hand von der Klinke – subtraktive Strafe, die Chance auf eine geöffnete Türe sinkt wieder.

Erst wenn der Hund abermals ruhig mit mir Kontakt aufnimmt, versuche ich es erneut, bis ich die Tür öffnen kann, ohne dass der Hund eigenmächtig durch sie hindurch geht. Jedes Mal, wenn der Hund den Kontakt zu mir abbricht und loslaufen will, schließe ich die Tür oder blockiere mit meinem Körper den Durchgang – es kommt auf den Hund und die eigenen Reaktionszeiten an, ob man körpersprachlich arbeiten kann oder das Türschließen zu Hilfe nimmt.

Diese Aktionen kommentiere ich zusätzlich mit dem „ah-ah". Es sagt dem Hund bald zuverlässig, dass das, was er gerade versucht, nicht von Erfolg gekrönt sein wird. Natürlich muss ich mental eine klare Vorstellung davon haben, dass ich den Hund nicht durchlassen werde und dies auch sicher verhindern. Andernfalls wird meine Kommunikation bedeutungslos.

Wenn der Hund ruhig an der offenen Tür wartet und mit mir Kontakt hält, lade ich ihn sachte durch meine Körperbewegung dazu ein, mir durch die Tür zu folgen.

MARKERSIGNAL NUTZEN ODER NUR LOBEN?

Natürlich kann ich auch hier den Marker als Brückensignal oder direktes Lob zum Einsatz bringen. Wichtig ist aber, dass das Ziel „ruhiger, auf den Hundeführer konzentrierter Hund" im Auge behalten wird. Da der Marker das Verhalten beendet, ich aber ein dauerhaftes Verhalten wünsche, eignet er sich eher im fortgeschrittenen Stadium bei Hunden, die auch innerhalb des Trainings ausgeglichen und konzentriert bleiben.

Denn viele Hunde geraten durch die sonst sehr eigenaktiven Lernweisen und oft hochwertigen Belohnungen beim Training mit den Markersignalen unter Spannung. Passender ist daher im Zweifel sicherlich ein ruhiges Lob, was bedeutet: „Das, was du tust, ist richtig, behalte es bei, Belohnung wird folgen!" Die Belohnung sollte neben dem Erreichen des angestrebten Tuns (durch die Tür laufen) die Harmonie zwischen Hund und Mensch sein, das gemeinsame, lustbringende Tun, vielleicht auch etwas Futter, aber eher kein aufputschendes Spiel.

Zustimmung – Verneinung

Einerseits habe ich schon allein durch meine Arbeit am Vertrauen, der Kommunikation, der Bindung und der Führung dafür gesorgt, dass mein Hund mich als möglichen Anführer in Betracht zieht. Zum anderen habe ich mit dem Training des Grenzen-Setzens dieses noch deutlich verstärkt.

Mein Hund wird sich vermutlich in immer mehr Situationen an mir orientieren und vor irgendwelchen Aktionen nachfragen, wie ich dazu stehe. Dies geschieht regulär durch ein kurzes Verharren und einen fast schon fragenden Blick zu mir. Jetzt muss ich natürlich antworten, denn tue ich das nicht, wird er über kurz oder lang nicht mehr fragen, sondern gleich agieren. Wir können aber viel erfolgreicher gemeinsam jagen, wenn er nicht gleich lospoltert und ich ihn mehr oder minder laut zurückpfeifen muss, sondern wenn er leise fragt und ich genauso leise antworte.

Carl blickt fragend zurück.

Möchte ich meinem Hund die Freigabe erteilen, so kann ich ihm freundlich zunicken, dabei meine Augen kurz schließen unterstützt durch eine freige-

Emma bekommt signalisiert, dass sie nicht auf die Wiese folgen soll.

bende, auffordernde Handbewegung. Auf Distanz kann ich es auch mit einem „Okay“ akustisch untermalen.

Soll er sich aber weiter zurückhalten, so signalisiere ich dies mit offenen Augen, einem festen Blick, einem leichten Kopfschütteln, der Stopp signalisierenden Handbewegung. Akustisch unterstreiche ich es mit einem leisen „ah-ah“. Oder ich nehme seine Frage und damit erfolgte Kommunikationsaufnahme zum Anlass, ein anderes Verhalten abzurufen.

Mein „ah-ah“ übermittelt meinem Hund durch diese Übungen die Information „Achtung – Grenze, halte dich zurück, Weitergehen bringt keinen Erfolg“. Gleichzeitig hat er durch Erfahrung gelernt, dass er von mir gesetzte Grenzen nicht überschreiten kann.

Erst wenn ich Grenzüberschreitungen nach einem „ah-ah“ mit wirksamen Strafen sanktioniere, wird aus diesem Laut auch die Androhung von Strafe. Ob das nötig werden könnte, hängt von mehreren Dingen ab. Wie intensiv übe ich mit meinem Hund? Wie authentisch kann ich führen oder es erlernen? Wie hartnäckig und mit welcher Vehemenz versucht mein Hund, Grenzen auszuloten und zu überschreiten? Wie stark ist seine Motivation dazu und kann ich sie ohne Sanktionen ausreichend ändern? Welches Zeitfenster habe ich für das Training? Wie oft passieren mir Fehler und der Hund kann sich sehr wohl über die Grenze hinwegsetzen?

Wenn ich meine, sanktionieren zu müssen, dann überlege ich mir vorher genau, wann und wie dies erfolgen soll, damit falsche Verknüpfungen möglichst verhindert werden und ich selbst emotionslos bin.

Ein erstaunlich wirksames Hilfsmittel für solche Fälle ist eine ordinäre Blumenspritze. Einen Sekundenbruchteil nach dem „ah-ah“ bekommt der Hund für ihn überraschend einen Sprühstoß ins Gesicht. Bricht er sein Tun ab, ermuntere ich ihn zu einem Verhalten, das er bereits gut beherrscht. Führt er dies aus, erhält er sofort eine freundliche Rückmeldung. Es sollten etwa drei Einwirkungen mit der Sprühflasche reichen, damit der Hund mein „ah-ah“ für eine ganze Weile mit der unangenehmen Folge verknüpft.

Bei solchen Hilfsmitteln ist es wichtig, dass der Hund möglichst nicht bemerkt, dass ich sie mitführe. Andernfalls verstehen intelligente Vierbeiner schnell den Zusammenhang und merken auch, ob im Moment mit einer solchen Einwirkung zu rechnen ist. Diese Verknüpfung kann ich natürlich auch vermeiden, indem ich das Hilfsmittel schon vor dem ersten Einsatz öfter offensichtlich mitführe, es also für den Hund keine Neuerung ist, der er zunächst besondere Aufmerksamkeit widmen würde.

Diese Mittel sollen nur helfen, in absoluten Ausnahmefällen(!) ein Verhalten abzubrechen, um im Moment der ersten Verwirrung gleich ein alternatives Verhalten abzurufen und zu belohnen.

AUSNAHMEFALL

Bei meinen eigenen Hunden kam es bisher nicht zu einem solchen Ausnahmefall, der eine Strafe nach dem „ah-ah“ nötig erscheinen ließe. Auch bei Kundenhunden kommt es nur sehr selten vor. Eines der wenigen Beispiele war ein bis dahin problemloser Reitbegleithund, der urplötzlich Spaß daran fand, während eines Ausrittes dem Pferd in die Nüstern zu schnappen und sich nur mit dem freundlichen „ah-ah“ oder anderen Signalen nicht stoppen oder umlenken ließ. Nach drei solcher gefährlichen Vorfälle haben wir uns entschieden, das Verhalten mittels eines Spritzers Wasser auf die Schnauze abzubrechen. Als der Hund die danach abgefragte Alternative „Nebenherlaufen“ ausführte, wurde er gut belohnt. Zwei „ah-ah“ mit Spritzer, danach noch zwei ohne und das für alle lebensgefährliche Verhalten war Geschichte.

Verhalten bei Besuch

Es sollte selbstverständlich sein, dass Menschen, die in der Wohnung zu arbeiten haben, vom Hund nicht belästigt werden, und dass Gäste vor dem Eintreten über die Manieren des Hundes aufgeklärt werden, damit sie sich frühzeitig entscheiden können, ob sie sich das Folgende so antun wollen.

Ideal erscheint es mir, wenn der Hund Besucher durch Bellen meldet, sich dann aber auf Anweisung auf seinen Platz zurückzieht und es mir überlässt, die Tür zu öffnen und den Besuch zu begrüßen. Danach darf dann auch der Hund näher treten, den Besucher kurz beschnüffeln und sich von diesem, so er mag, kurz streicheln lassen, um sich anschließend wieder dezent zurückzuziehen.

Das alles lässt sich eigentlich problemlos so üben. Dazu hänge ich eine Notiz von außen an die Tür, die mögliche Besucher aufklärt, warum sie jetzt eventuell einen Moment warten müssen, wie sie sich bitte verhalten sollen und warum ich sie unter Umständen mitten in der Begrüßung stehen lasse und mich meinem Hund widme. Oder ich lade mir gleich jemanden speziell für dieses Training ein.

Sobald es klingelt und mein Hund dies durch sein Bellen meldet, lobe ich ihn, gebe ihm vielleicht sogar eine Belohnung und führe ihn auf seinen Platz. Auch dort kann ich ihm anfangs den Aufenthalt mit etwas zum Kauen oder Lutschen versüßen. Dann gehe ich zur Tür. Bleibt mein Hund auf seinem Platz, bekommt er weitere Belohnungen. Folgt er mir aber, kann ich ihn einfach wieder zurückführen oder ich teile ihm mittels Grenzen-Setzen mit, dass ich ihn nicht bei mir haben will, wo aktuell sein Bereich und wo meiner ist. Sein Bereich könnte das Wohnzimmer sein, meiner der Hausflur. Erst wenn er wartet, öffne ich die Tür.

Erst wenn der Hund ruhig wartet, wird für den Besuch die Tür geöffnet.

Sollte der Hund wieder näher kommen, bringe ich ihn erneut zurück. Ich bleibe konsequent, auch wenn ich dafür meinen Besuch unhöflich lange stehen lassen muss. Erst wenn ich es erlaube, darf mein Hund auch herkommen und kurz begrüßen. Danach wird er wieder auf seinen Platz gebracht und dort belohnt.

Solange mein Hund sich über Besucher freut, besteht kein Grund, dass diese ihm noch wichtiger werden, weil sie etwa Futter verteilen. Steht mein Hund Besuchern eher skeptisch gegenüber, deponiere ich schon vor der Tür eine Dose mit Belohnungshappen und bitte die Besucher, sich dort zu bedienen und auf meine Anweisung dem Hund etwas zu geben. Dieses Ritual mehrmals und dann auch in Zukunft konsequent durchgezogen und der Hund benimmt sich vorbildlich, wenn Besucher kommen.

So viel zur Theorie. Problematisch wird es, wenn ich zu viele Freunde habe, die auf eine stürmische, feuchte und wilde Begrüßungszeremonie durch meinen Hund Wert legen und meine Bemühungen ständig untergraben. Unregelmäßig bestärktes Verhalten wird bombenfest zementiert. Also entweder trenne ich mich von meinen uneinsichtigen Freunden oder von meiner Vorstellung von angemessener Besucherbegrüßung. Ich hab mich für Letzteres entschieden und sperre die Hunde weg, wenn mal jemand kommt, der nicht vom Überfallkommando geplättet werden will.

Transport im Auto

Wie die meisten Jäger transportiere ich meinen Vierläufer im Auto ins Revier oder zum Jagdeinsatz. Entsprechend sollte er das Mitfahren gewohnt sein und sich so benehmen, dass er niemanden gefährdet oder stört.

Der Gesetzgeber sieht Hunde im Auto als Ladung an und diese muss ausreichend gesichert sein. Dies kann durch den Transport in einem mit einem Gepäckgitter abgeteilten Kofferraum, in einer speziellen Transportbox oder mit einem speziellen Geschirr und Gurt angeschnallt auf der Rücksitzbank geschehen.

Wie in vielen anderen Situationen greife ich auch beim Hundetransport auf Rituale zurück. Das Ein- und Aussteigen sowie die Mitfahrt laufen immer nach den gleichen Regeln ab. Bevor ich den Kofferraum und eventuell auch die Hundebox öffne, soll der Hund ruhig neben mir warten. Befinde ich mich im öffentlichen Verkehrsraum, ist er zu diesem Zeitpunkt regulär angeleint. Ich habe alle Zeit der Welt. Ein unruhiger, aufgeregter Hund, der sich auf die Fahrt ins spannende Revier freut, darf nicht einsteigen. In das begehrte Transportmittel einsteigen zu dürfen wäre schließlich eine Belohnung, doch dieses unruhige Verhalten will ich in Zukunft nicht sehen.

Erst auf meine Aufforderung darf er hineinspringen. Dann nehme ich ihm Leine und, wenn er später allein im Auto warten muss, auch die Halsung ab. Während der Fahrt soll er sich möglichst ablegen, aber auf jeden Fall ruhig sein.

Der Hund muss warten, bis er die Freigabe zum Aussteigen erhält.

Am Zielort angekommen öffne ich die Heckklappe bzw. die Box erst, wenn der Hund ruhig wartet. Der Grund dürfte klar sein. Ich leine ihn an und fordere ihn dann zum Aussteigen auf. Danach soll er sich ruhig neben mir aufhalten, sodass ich das Auto absperren kann.

Ein Hund, der sich einfach aus dem Auto drängelt, kann sich und andere Verkehrsteilnehmer gefährden. Ein Hund, der sich vor Vorfreude im Auto zunehmend aufregt, wird sich zum Beispiel auch bei der auf der anschließenden Jagd geforderten Standruhe oder ruhiger, konzentrierter Schweißarbeit schwertun – vom Zustand meiner Nerven nach einer Fahrt mit einem tobenden Hund im Heck mal ganz abgesehen. Und auch ein geplanter Ansitz wird nicht erfolgreicher, wenn sich Jäger und Hund schon lautstark ankündigen.

Den Welpen gewöhne ich an eine ruhige und entspannte Fahrt, indem ich ihn im entleerten, nahezu nüchternen und müden Zustand mitnehme. Er bekommt also seine Mahlzeit, darf sein anschließendes Schläfchen halten, wird von mir draußen bespaßt, bis er sich gelöst hat und wieder müde wird. Dann setze ich ihn ins Auto und fahre ein kleines Stück. Wird der Kleine wieder wach, hole ich ihn aus der Box, bevor er unruhig wird. Wir erkunden die Umgebung, bis er wieder ermüdet, und ab geht es mit dem Auto heim.

Und was mache ich, wenn die Übungszeit der angesetzten Welpenübungsstunde des Hundevereins oder bei der Kreisjägerschaft leider so gar nicht in den Wach- und Schlafrhythmus meines künftigen Jagdbegleiters passt? Ich verzichte im Zweifel lieber auf diese eine Welpenstunde als dass ich jetzt schon anfange, mir einen Hund zu erziehen, dem es später schwerfällt, Selbstbeherrschung und Frustrationstoleranz zu zeigen. Ohne diese wird er aber bei aller Verträglichkeit mit Artgenossen nie ein brauchbarer Jagdhund.

Für die nächste Welpenstunde kann ich die Zeit anders wählen oder bis dahin den Tagesrhythmus meines Hundes vorsichtig umstellen.

Habe ich mir einen älteren Hund zugelegt, der bereits Schwierigkeiten hat, im Auto ruhig zu bleiben, baue ich das Wunschverhalten rückwärts verkettet auf. Zunächst erwarte ich nur ein Warten vor dem Signal zum Aussteigen, dann ein ruhiges Warten beim Anleinen, dann bevor ich die Box öffne, bevor ich den Kofferraum öffne, bevor ich mich dem Kofferraum nähere, das Auto verlassen, den Motor ausstelle, das Auto parke und so weiter.

Das ist eine durchaus mühselige und kleinschrittige Arbeit, deren Erfolg ganz stark von meiner Konsequenz abhängt. Lasse ich mich nur einmal stressen und hole den Hund wieder für viel geringere Leistungen aus dem Auto, als sein aktueller Trainingsstand erwarten ließe, kann ich erneut bei Null anfangen.

Gleichzeitig stellt ein solch nerviger Hund unsere Führungskompetenz arg auf die Probe – wie war das noch mit dem idealen Anführer, wie soll der sein?

Genau, ruhig und ausgeglichen soll er sein! Gar nicht so einfach unter den gegebenen Umständen, wenn die Nerven schon vor dem Training blank liegen. Zur Not nehme ich einen Klappstuhl, Ohrstöpsel und ein gutes Buch mit, wenn sich die Sache mit dem Auswarten erheblich zieht.

Und wenn es gar nicht klappen will, dann könnte es auch sein, dass ausgerechnet mein Hund unter der Reisekrankheit leidet und er sich im Auto schlicht derart unwohl fühlt, dass er sich aufregen muss. Diesen Umstand sollte ich als aufmerksamer Hundeführer jedoch ziemlich bald bemerken und nach entsprechenden Lösungen suchen. Manchen Hunden ist geholfen, wenn sie an anderer Stelle im Auto mitfahren dürfen, manchen, wenn ihre Box abgedeckt wird, andere wiederum vertragen es besser, wenn sie einen guten Überblick haben, noch andere bevorzugen den Transport im Hundehänger und vielleicht hat auch der Tierarzt ein hilfreiches Präparat, das die Übelkeit nimmt, den Hund aber nicht so ausschaltet, dass er nach der Ankunft döst statt zu jagen. Und manchen kann man leider nicht helfen, da muss ich jede Fahrt als Meditationsübung sehen.

Spielen

Besonders junge Hunde lieben es, mit ihren Sozialpartnern zu spielen. Es fördert unsere Bindung und ich kann es je nach Spiel und Situation auch als Belohnung

Scooby spielt extrem vorsichtig mit Frauchen Maulkabbelei.

einsetzen. Ich spiele daheim die ruhigeren Spiele, wie gegenseitiges Beknapsen mit Händen bzw. Maul, sich gegenseitig über den Boden rollen, Personen suchen, kleinere Zerrspiele um eine Beute oder auch Leckerchensuche und Ähnliches.

Ein gutes, freies Spiel hat möglichst wenig Regeln. Natürlich darf niemand verletzt werden, die Einrichtung sollte heile bleiben und, wenn man Nachbarn hat, sollte es auch nicht zu laut werden. Aber primär geht es darum, miteinander Spaß zu haben.

Draußen im Garten, im Park oder im Revier kann es hingegen auch mal richtig wüst zugehen mit gemeinsamem Rennen, Springen über Stock und Stein, quer durchs Wasser, gegenseitigem Anpirschen, Anspringen, Ausweichen, Verfolgen und Fangen, zusammen im Dreck buddeln, die Umwelt erkunden. Bei den meisten Hunden lässt das Interesse an derartigen nahezu zweckfreien Spielen mit dem Alter etwas nach. Und erwachsene Hunde, mit denen in ihrer Kindheit und Jugend nicht gespielt wurde, können diese Fähigkeit nahezu ganz verloren haben. Ich passe mein Spielangebot also den Neigungen meines Hundes an.

EIN WORT ZUM STÖCKCHEN-WERFEN

Manche Jagdhundeführer raten davon ab, weil der Hund sonst auf der Jagd womöglich mit einem Stock statt der geschossenen Ente aus dem Wasser kommt. Das halte ich für Unfug. Ein passionierter Jagdhund, der vertrauensvoll mit seinem Hundeführer zusammen arbeitet, wird sicherlich während eines Jagdeinsatzes jede Chance auf Wild einem Holzstück vorziehen. Trotzdem sind Stöcke kein geeignetes Spielzeug, denn sie können den Hund bei Unfällen schwer verletzen.

Gassigehen

Ich gehe mit meinem Hund spazieren, weil er regelmäßig Bewegung braucht. Und natürlich darf er sich dabei auch mit Seinesgleichen treffen, kommunizieren und spielen. Primär sind aber wir das Team und der Hund soll sich gern mir anschließen, sich mit mir beschäftigen. Schließlich wollen wir beide später unter meiner Anleitung zusammen jagen gehen. Das wird aber schwierig, wenn ich mich vorher draußen als Langweiler und Spaßbremse erweise.

Hunde laufen auch nicht einfach so ohne Grund durch die Gegend. Sie sind auf dem Weg ins Jagdgebiet, sie kontrollieren ihr Territorium, sie suchen Wasserstellen oder Futterquellen auf. Welpen täten dies in freier Natur übrigens nicht, denn ein Verlassen der Wurfhöhle könnte lebensgefährlich werden. Entsprechend weigern sich viele Welpen aus gutem Grund, wenn sie von daheim aus zum Gassi losgehen sollen.

Ein solches Exemplar klemm ich mir für die ersten hundert Meter unter den Arm oder fahre mit dem Auto ins Gassigebiet bzw. ins Revier. Zudem geht es beim Welpen noch nicht ums Streckemachen, sondern ums gemeinsame Umwelterkunden. Mit zunehmendem Alter entwickeln sich die nötige Sicherheit und Fitness für längere Gänge ganz von allein.

Freilauf gewähre ich nur in ungefährlichen Gebieten. Dabei trägt mein Hund ausschließlich eine Warnhalsung mit meiner Telefonnummer oder ein Ortungssystem. Aber auch während des Freilaufs achte ich darauf, dass mein Hund den mentalen Kontakt nicht völlig abreißen lässt. Ich bin für uns verantwortlich, ich führe unser Team. Welche Folgen der Abriss der Verbindung haben kann, ist im Kapitel „Anlagenförderung Stöbern“ beschrieben.

Das gemeinsame Spiel ist wichtiger Bestandteil des täglichen Spaziergangs, um die Bindung zu stärken.

Grundausbildung

In diesem Kapitel geht es um die Verhaltensweisen und Signale, die jeder Hund beherrschen sollte, wenn ich mit ihm stressfrei durch den Alltag kommen will. Aber auch für Teile der jagdlichen Anlagenförderung brauche ich manches davon.

Rufname (Kommunikationsaufnahme)

Mein Ziel ist es, dass mein Hund in jeder erdenklichen, noch so ablenkenden Situation auf seinen Rufnamen reagiert, indem er mich anschaut oder zumindest ein Ohr nach mir wendet, um so weitere Signale zu empfangen.

Ich baue die Übung zunächst über Blickkontakttraining auf. Jeder Blick zu mir, von mir anfangs vielleicht durch ein Geräusch wie Klatschen oder Schnalzen ausgelöst, und später in meine Augen wird belohnt. Ist der Hund mäßig, aber nicht übermäßig abgelenkt, kann eine Futtergabe aus dem Mund, sogenanntes „Futterspucken“, hilfreich sein. Später sollte das Futter aber auf den Boden fallen oder aus der Hand gegeben werden, damit der Hund eine Chance hat, mich erneut anzublicken.

Klappt das Aufnehmen des Blickkontaktes sicher, verlängere ich das Halten des Blickkontaktes zum Beispiel mit dem 300-peck-pigeon-Kniff. Spätestens jetzt ist es enorm wichtig, dass ich dabei entspannt lächle und den Hund durch meine Körpersprache nicht unnötig einschüchtere. Frontaler Blickkontakt ist unter Hunden nämlich im höchsten Maße unhöflich, da es eigentlich eine Drohung darstellt. Dass dies im Umgang mit Menschen anders ist, müssen Hunde erst durch entsprechende Erfahrung lernen.

Der Blickkontakt ist ganz wichtig für die Grundausbildung.

Nimmt der Hund gern und ausdauernd Blickkontakt auf, so generalisiere ich dieses Verhalten in verschiedenen Situationen und beginne dann, den Rufnamen zu verknüpfen. Gleichzeitig bestätige ich Blickkontakt, den der Hund von sich aus wie eine Frage anbietet, denn auch er soll Kommunikationswünsche äußern, die ich dann entsprechend beantworte.

Anschließend übe ich unter immer stärkerer Ablenkung. Ich gebe den Namen als Signal und bestätige zunächst jede noch so verzögerte oder schwache Reaktion des Hundes. Langsam baue ich die Stärke und Geschwindigkeit der Reaktion zunächst getrennt wieder aus.

Reagiert der Hund innerhalb von 5 Sekunden überhaupt nicht, löse ich mit dem NRM auf und warte vor dem nächsten Versuch wie üblich mindestens 30 Sekunden.

Sobald mein Hund seinen Namen kennt, benutze ich diesen jedes Mal, wenn ich mit ihm kommunizieren will. In der Mehrzahl der Fälle habe ich dann spannende oder leckere Neuigkeiten für ihn: ein Spiel, ein Stück vom Wild, eine Spur, eine Aufgabe. Der Fantasie sind keine Grenzen gesetzt. Denn wenn er seinen Namen hört, soll er freudig und erwartungsvoll reagieren.

Bleibt die Frage, wie ich den Hund in den ersten Tagen denn nun rufe, wenn er seinen Namen noch nicht kennt. Ganz einfach, ich rufe eben nicht bei seinem Namen, sondern mache anders auf mich aufmerksam. Ich klatsche in die Hände, ich pfeife, ich schnalze mit der Zunge. Wendet sich der Hund mir zu, lade ich ihn mit meiner Körpersprache zum Kommen ein.

Und was tue ich, wenn der Hund nach umfangreichem Rufnamentraining bei manchen Ablenkungen dennoch nicht reagiert? Ich brauche schließlich seine Empfangsbereitschaft, um weiter mit ihm zu kommunizieren. Hat mein Hund auf die Namensnennung nicht reagiert, so versuche ich es ein zweites Mal, diesmal etwas lauter und bestimmter, aber nicht wütend oder schreiend, sondern nur so, dass deutlich wird, dass ich jetzt gerade Kontakt brauche.

Reagiert mein Hund immer noch nicht, könnte es sein, dass seine Aufmerksamkeit gerade so gefesselt ist, dass er mich tatsächlich akustisch nicht wahrnimmt. Daher versuche ich es im nächsten Schritt mit einer körperlichen Kontaktaufnahme. Ich tippe den Hund mit den Fingern an oder probiere es mit „woah“ und dem Griff vor die Brust. Wendet er sich mir zu, folgen Lob und Belohnung. Ist der Hund angeleint, kann ich auch den unter „Pirschen“ beschriebenen Leinenzupf als taktiles Signal einsetzen.

Ignoriert mich mein Hund auch nach dem taktilen Reiz, trete ich ihm ins Bild, dränge ihn sachte, aber bestimmt von dem, was ihn so fesselt, ab, bis er sich endlich mir zuwendet. Sollte mein Hund gerade im Freilauf sein, so gehe ich ihm zügig nach, bleibe aber ruhig, renne nicht, bin konsequent präsent, bis er sich mir zuwendet. Tut er dies, stelle ich mein Bedrängen sofort ein und lobe ihn. Weitere Belohnungen folgen in diesem Fall aber nicht.

Stubenreinheit

Regulär werden Hunde nicht wegen, sondern trotz menschlicher Bemühungen stubenrein. Sicher stubenrein kann ein Hund frühestens dann sein, wenn er die volle Kontrolle über seine Schließmuskeln hat, was in der Regel erst ab einem Alter von drei Monaten, oft auch später der Fall ist. Dies kann bei manchen Hunden auch erst mit etwa eineinhalb Jahren sein. Im Zweifel lasse ich organische Probleme vom Tierarzt ausschließen.

Ein Welpe kann frühestens stubenrein werden, wenn er drei Monate alt ist.

Unterstützen kann ich meinen Hund, indem ich ihn regelmäßig vor die Tür an immer dieselbe Stelle zum Lösen führe und den Vorgang der Entleerung mit einem Signal verknüpfe – „Mach dein Geschäft“ oder Ähnliches. Dies hat den Vorteil, dass ich später, wenn es mal etwas eiliger ist, den Hund animieren kann.

Welpen sollten über Nacht in einer Box in meiner Nähe schlafen, dann melden sie sich regulär durch Unruhe und Fiepen, wenn sie müssen. Denn sie wollen nur ungern ihr eigenes Lager beschmutzen. Auch bei ausgewachsenen noch unsauberen Hunden ist dies eine mögliche Hilfe. Etwaige Unglücke putze ich kommentarlos weg.

Tagsüber behalte ich den Welpen im Blick. Zeigt er Unruhe und läuft suchend umher, nehme ich ihn auf und trage ihn nach draußen an seinen Löseplatz. Zusätzlich gebe ich ihm nach jedem Fressen, nach jedem Aufwachen und nach jedem Spiel diese Möglichkeit. Mit dem jungen Welpen stehe ich gelegentlich mehr im Garten, als dass ich mich im Haus aufhalte.

Jedes Mal, wenn ich den Hund für mehr als eine Stunde allein lassen muss und er sich dann nicht nach Belieben lösen kann, wie es bei einer Unterbringung im Gartenauslauf oder Zwinger möglich wäre, gebe ich ihm vorher die Möglichkeit dazu. Dies gilt für erwachsene Hunde. Welpen lasse ich möglichst gar nicht allein (siehe Kapitel „Alleinbleiben“).

Beißhemmung

Dies ist ein wirklich wichtiges Thema. Hunde müssen lernen, ihren Kiefer dosiert zu benutzen. Beißt der Welpe mit seinen nadelspitzen Milchzähnen seinen Kumpel zu feste, dann schreit dieser auf. Nimmt der andere sich nun zurück, wird weiter gebalgt. Gibt er aber nicht nach, beendet der Gebissene entweder das Spiel oder schnappt selbst entsprechend feste zurück.

So ähnlich handhabe ich das auch. Bohren sich die Zähnchen in meine Haut, quieke ich laut mit „Au“ auf. Lockert der Welpe seinen Griff und macht ab da vorsichtiger weiter, ist alles okay und ich gehe auf das Spiel ein (additive Belohnung). Zwickt er mich aber weiterhin zu feste, quieke ich erneut auf und beende das Spiel (subtraktive Strafe).

Attackiert mich mein Hundchen trotzdem noch, zwickt mich in die Füße oder Waden und zerrt an meiner Kleidung, gebe ich ihm eine soziale Auszeit, indem ich ihn kurz aussperre. Nach wenigen Sekunden lasse ich ihn zu mir in den Raum zurück, ignoriere ihn aber noch ein bisschen. Das übt nicht nur die Beißhemmung, sondern auch die Frusttoleranz.

Pius lutscht vorsichtig ein Leckerchen aus der Faust

Leider ist die Beißhemmung nichts, was der Hund nur einmal im Leben erlernen muss. Er braucht auch als Erwachsener immer wieder das Feedback, wie stark er seine Kiefer schließen darf. Daher spiele ich auch mit dem alten Hund immer noch Kabbeleien mit Maul und Händen.

Für erwachsen erworbene Hunde, aber natürlich auch für Welpen, eignet sich die Übung „Futterbrocken vorsichtig aus der haltenden Hand zu nehmen“, um die Beißhemmung zu verbessern. Wird der Hund zu grob, kommentiere ich das mit einem „Au“ und nehme die Hand samt Futter weg. Nach 30 Sekunden darf er es erneut probieren. Anfangs liegt das Leckerchen relativ frei in der Hand, dann halte ich es zwischen den Fingern und zum Schluss muss der Hund es vorsichtig aus meiner Faust lutschen.

Leinenführigkeit

Zunächst überlege ich mir, ob mein Hund fertig ausgebildet an Halsband oder Geschirr laufen soll. Ich selbst habe mich für das Halsband entschieden. Der noch unausgebildete, oft ziehende Hund wird im Geschirr gearbeitet. Dies ist deutlich gesünder für die Halswirbelsäule. Der dann leinenführige Hund wird auch durch ein Halsband nicht in seiner Kommunikation beeinträchtigt. Zudem lässt sich ein Halsband leichter an- und abstreifen – praktisch für den Jagdgebrauchshund, den ich nie mit irgendwelchen festen Halsungen oder Geschirren frei springen lasse (Ausnahme sind Ortungshalsbänder). Denn sollte er mir mal aus der Hand gehen, kann er sich mit diesen Dingen verhängen, qualvoll ersticken oder, weil er nicht frei kommt, elend zugrunde gehen, bevor ich ihn finde.

Immer wenn ich keine Zeit habe, konsequent an der Leinenführigkeit zu arbeiten, nehme ich das Utensil, das ich nicht für den Dauergebrauch vorgesehen habe, hier also das Geschirr. Jetzt darf der Hund unkommentiert an der Leine ziehen. Trotzdem kann ich ordentliches An-der-Leine-Gehen bestätigen, aber es macht nichts, wenn ich mir dies spare.

Beim gezielten Leinenführigkeitstraining kommt dann das Halsband zum Einsatz. Der Hund sollte hierfür wenigstens vier Monate alt sein, damit er sich ausreichend konzentrieren kann. Vorher lenkt ihn alles Mögliche ab und seine Konzentration bricht schon nach wenigen Sekunden zusammen.

Korrekt an der Leine läuft der Hund, wenn diese locker hängt und er sich links neben mir bzw. etwas weiter vorne oder hinten aufhält. Ein Wechsel nach rechts ist nicht erwünscht, weil ich dort mein Gewehr führe – für Linksschützen gilt es natürlich, den Hund rechts laufen zu lassen.

Die Methode meiner Wahl bei jungen Hund heißt: „Be a tree“ oder auf deutsch „Sei ein Baum“. Das heißt, sobald der Hund Spannung auf die Leine bringt, erstarre ich augenblicklich und gebe keinen Zentimeter nach. Keinesfalls korrigiere ich mit einer Leineneinwirkung. Vielmehr warte ich, bis der Hund mit dem Zug nachlässt – egal, wie lang das anfangs auch dauern mag. Sobald sich die Leine lockert, gebe ich das Markersignal und eine Belohnung – entweder Futter, wenn der Hund dies einfordert, oder ich gehe erneut in die Richtung, in die der Hund vorher zog, weil er dorthin wollte.

So soll es sein: Aura folgt freudig und aufmerksam an locker hängender Leine, wobei die Hundeführerin aufrecht geht mit Blick auf den Weg.

Insgesamt bemühe ich mich aber, den Hund mehr für korrektes Gehen an der Leine zu bestätigen, also noch bevor ein Zug entsteht. Dies erfordert in der ersten Zeit eine sehr hohe Belohnungsfrequenz, möglicherweise sogar im Sekundentakt!

Gleichzeitig passe ich meine Geschwindigkeit den Möglichkeiten des Hundes an. Außerdem führe ich deutlich, das heißt, ich bewege mich betont aufrecht und gerade, weiß, wo ich hin will. Dabei schaue ich auf mein Ziel und nicht auf meinen Hund. Diesen beobachte ich nur aus dem Augenwinkel. Bei einem großen, temperamentvollen Hund muss ich anfangs entsprechend zügig gehen. Zudem sollten besonders temperamentvolle Hunde vor Beginn des Trainings etwas ausgepowert werden, aber nur so, dass sie sich noch auf das Training konzentrieren können.

Relativ bald nutze ich auch ablenkende Umgebungen wie ruhige Regalreihen in Baumärkten, eine weniger belebte Seitenstraße der Fußgängerzone, den Uferbereich vom Entenweiher und Ähnliches. Wichtig ist, dass der Hund solche Umgebungen frühzeitig als normal kennenlernt (räumliches Lernen). Ich übe also parallel auch mit Geschirr, sodass der Hund sich zunächst vertraut machen kann.

Weiterhin laufe ich nicht stur geradeaus, sondern in Bögen, Schlaufen, Volten und halte auch gelegentlich an. Für den Hund soll die Arbeit nicht langweilig werden; er soll gezwungen sein, sich auf mich zu konzentrieren. Gehe ich aber schnurgerade, dann muss er das nicht und hat Zeit, sich für alles andere zu interessieren.

Nach und nach verlängere ich die Strecke oder die Zeit, die der Hund vor einer Bestätigung an lockerer Leine zurücklegen soll. Für die Leinenführigkeitsübung nehme ich immer dieselbe Leine oder zumindest welche mit gleicher Länge, denn anders würde ich dem Hund unnötig erschweren, das Leinenende einschätzen zu können. Meine Übungsleine ist etwas über einen Meter lang, das entspricht dem Spielraum, den mein Hund später auch an meiner Umhängeleine haben wird.

Aura orientiert sich bei der Übung der Freifolge an der hingehaltenen Hand als Target.

Weiterhin kann ich den Hund bei der Leinenführigkeit unterstützen, wenn ich ihm immer wieder meine gestreckte Hand zum Berühren an meinem Bein anbiete, falls ich diese Touch-Übung bereits eingeübt habe.

Mit viel Glück habe ich jetzt bereits einen perfekt leinenführigen Hund, doch die meisten werden besonders im Jugendalter doch noch immer wieder abgelenkt und bringen dann wieder Zug auf die Leine. Sobald der Hund sich beim Anhalten nach Zug sofort selbst korrigiert, führe ich kurz vor der Selbstkorrektur ein sehr leises Hörzeichen ein wie „sst". Nach reichlichen Wiederholungen teste ich, ob der Hund sich nun auf „sst" schon selbst korrigiert, auch wenn noch kein Zug auf die Leine kam. Ist dies der Fall, so belohne ich ihn natürlich. Nun kann ich den Hund auch mit anderen Leinenlängen führen und ihm das Ende mittels unauffälligem „sst" signalisieren. Ebenso hilft es mir, bei der Freifolge einen unerwünscht weit vorprellenden Hund zu stoppen.

HÖR- UND SICHTZEICHEN

Das Hörzeichen für die Leinführigkeit ist bei mir „Lockere Leine", andere verwenden „Bei mir" oder „Komm mit". Da es kein Sportprüfungsfach ist, steht die Wahl des Signals frei. Als Sichtzeichen eignet sich ein sachtes Klopfen mit der linken Hand am linken Oberschenkel.

Sobald ich meinen Hund auch längere Strecken ohne zusätzliche Hilfen korrekt führen kann und er sich durch Ablenkungen nicht verleiten lässt, kann ich mit entsprechend runtergeschraubten Ansprüchen die Freifolge trainieren. Nur auf gesichertem Gelände oder weit abseits aller Gefahren kommt ein Training ohne sichernde Leine infrage, solang der Hund nicht verlässlich zu stoppen ist.

Habe ich mir einen an der Leine zerrenden, erwachsenen Hund einer großen Rasse ins Haus geholt, der mir fast die Schulter auskugelt mit seiner Kraft, sichere ich die Leine vom Geschirr über einen Ruckdämpfer an einem Bauchgurt. Reicht auch das noch nicht, damit ich den Hund im Vorwärtszug stoppen kann, hilft ein Geschirr, bei dem ich die Leine am Brustring befestigen kann. So ändern sich die physikalischen Verhältnisse zu meinen Gunsten. In solchen Fällen hat das Training der Leinenführigkeit für mich oberste Priorität. Weitere Trainingsansätze finden sich im Thema „Pirschen".

Kommen

Hier möchte ich erreichen, dass mein Hund auf mein Rufen oder Pfeifen aus jeder beliebig ablenkenden Situation prompt bei mir erscheint. Wie üblich fange ich mit dem Training in ablenkungsarmer Umgebung mit niedrigen Ansprüchen an.

Die ersten Übungen erfolgen in der Wohnung. Sobald der Welpe zu mir läuft, markiere ich dieses Verhalten, freue mich deutlich mit hoher Stimme und aufmunternder Körperbewegung, bis er ganz bei mir angelangt ist, und rolle oder werfe dann eine Belohnung von mir weg. Denn anschließend soll er ja die Chance haben, wieder in meine Richtung zu laufen.

Eine weitere gute Übung ist das sogenannte Brieftaubespiel, bei dem der Hund zwischen zwei oder mehr Personen pendelt. Die Person, bei der es zuletzt eine Belohnung gab, ignoriert den Hund vollkommen, während eine andere sich sachte interessant macht. Sobald der Hund zielsicher pendelt wird das Interessantmachen immer weiter ausgeschlichen, denn es soll ja nicht der zukünftige Auslöser für dieses Verhalten sein.

Draußen kann ich ein schnelles Kommen provozieren, indem ich mich flott vom Hund weg bewege, sei es joggend, sprintend oder auch mit dem Rad. Kommt der Hund hinter mir her geflitzt, bestätige ich dieses Verhalten. Ebenso kann eine Hilfsperson den Hund eine Weile zurückhalten. Aber bei beiden Vorgehensweisen bitte ich zu bedenken, dass die meisten Hunde aus Verunsicherung schnell angelaufen kommen und nicht, weil das ein tolles Spiel ist. Ich erzeuge somit bis zu einem gewissen Grad negativen Stress – also nicht übertreiben und auf besonders sensible Hunde Rücksicht nehmen.

Stressfreier ist die Variante, sehr kleine Leckerchen wie zum Beispiel Katzentrockenfutter am Boden zu verstreuen und auf Abstand zu gehen, während der Welpe dies sucht. Jetzt hat er die freie Wahl, wie lange er bei den Bröckchen verweilt oder ob er lieber zu mir kommt.

Kommt der Hund relativ sicher, führe ich die zugehörigen Signale ein, und zwar zunächst ein Sichtzeichen, wie mit beiden Händen jeweils auf den Oberschenkel zu klopfen und die Arme dann seitlich auszustrecken. Durch diese plakative Körpersprache ist das Signal für den Hund auch aus größerer Entfernung gut zu erkennen. Später verknüpfe ich damit das Hörzeichen „Hier“ bzw. den Doppelpfiff.

Diese Körpersprache für „Komm her“ ist weithin sichtbar – bei sensiblen Hunden drehe ich mich zur Seite oder gehe immer weiter in die Hocke, je näher sie kommen.

Mit Einführung der Signale bestätige ich eigentlich keine Ausführung mehr, die der Hund von allein anbietet. Allerdings nutze ich besonders schöne Versionen des freiwilligen Kommens, indem ich noch schnell das Signal einschiebe, um dann das Verhalten bestätigen zu können. So kann ich besonders enthusiastische Sequenzen für meine Zwecke nutzen.

Klappt es mit dem Sichtzeichen, führe ich auch das Hörzeichen und den Pfiff ein. Sollte ich mit dem Hund eine Sportprüfung anstreben, so nehme ich für das Kommen im Alltag keinesfalls das Hörzeichen „Hier", da dieses dort mit einem sehr exakten Verhalten gekoppelt ist. Ein Signal kann aber nur ein bestimmtes Verhalten abrufen und nicht verschiedene Ausführungen.

Nach und nach erhöhe ich die Anforderungen. Ich will meinen Hund von der Futterschüssel, aus dem Spiel mit anderen Hunden, aus der Begrüßung von Familienmitgliedern, hinter einem geworfenen Ball und so weiter abrufen können, damit ich ihn eines Tages möglichst von allem abrufen kann, auch von Wild. Natürlich muss ich im Training verhindern, dass sich mein Hund entgegen meines Rufs zum Objekt seiner Begierde durchschlägt. Ich sichere ihn also entweder über eine Schleppleine oder es befindet sich ein Zaun zwischen ihm und dem Objekt. Dieses kann von einer Hilfsperson auch rechtzeitig außer Reichweite gebracht werden.

Den Abruf vom Wild probiere ich anfangs nur aus der Orientierungsphase, das ist der Moment, in dem der Hund kurz verharrt, bevor er lossprintet; später erfolgt es auch aus der Hetze immer näher hinter dem Wild. Klappen die Abrufe aus den Vorübungen nicht, brauche ich nicht zu versuchen, ob es aus der Hetze funktioniert. Natürlich werden Erfolge in solchen Situationen fürstlich mit einem Jackpot belohnt.

Ich übe und belohne das Kommen ein Hundeleben lang. Später werden dann nur noch sehr gute Ausführungen aus sehr ablenkenden Situationen bestätigt.

Parallel zum klassischen Aufbau konditioniere ich den Doppelpfiff auch ähnlich wie die Markersignale. Das heißt, ich pfeife und stopfe meinem Hund gleichzeitig für ihn völlig überraschend einen Jackpot ins Maul. Dies wiederhole ich regelmäßig.

An Ort und Stelle verharren

Ich möchte meinen Hund unter beliebiger Ablenkung an einem Ort lassen und mich für eine gewisse Zeit anderen Dingen widmen können. Der Hund soll im Restaurant brav unterm Tisch liegen, soll bleiben, während ich jemandem behilflich bin, soll warten, während ich den Anschuss untersuche, soll unauffällig am Ansitz verweilen und so weiter.

Ich erleichtere dem Hund das Bleiben zunächst, indem ich auch hier ein Ritual nutze und ihn immer an meinem Rucksack, meiner Jacke oder einem anderen meiner Gegenstände platziere. Dies kann ich auch daheim üben, wie kurze Sequenzen zum Beispiel beim Fernsehen, wenn ich den Hund auf die Jacke bringe und ihn dort dann belohne. Nach wenigen Sekunden gibt es schon den nächsten Happen.

Nach und nach steigere ich die Verweildauer auf der Jacke oder am Rucksack.

Jimmy wartet abgelegt am Rucksack.

Im nächsten Schritt verkürze ich die Ablagedauer wieder und bringe nun nach und nach mehr Distanz zwischen mich und den abgelegten Hund. Natürlich kann ich das Aufsuchen der Jacke auch shapen. Ein weiterer Übungsort wäre die Küche, während ich Essen zubereite, oder bei anderen Tätigkeiten in und am Haus, die es mir erlauben, gleichzeitig einen Blick auf meinen Hund zu behalten.

Für längere Ablagen wie zum Beispiel im Restaurant muss ich daran denken, besonders den jungen Hund vorher müde zu machen.

Wie alle Übungen so generalisiere ich auch diese sukzessive an verschiedenen Orten und unter verschiedenen Ablenkungen. Sollte der Hund sich durch Verlassen des Platzes gefährden können, so sichere ich ihn durch eine möglichst bissfeste Leine.

Als Hörzeichen verwende ich „Ablegen“, andere nehmen „Bleiben“, auch hier sind der Fantasie keine Grenzen gesetzt. Als Sichtzeichen klopfe ich mit der flachen Hand auf die Jacke bzw. bewege die flache Hand Richtung Boden.

Ich kann das Training der Ablage durch die Übung zum Akzeptieren von Grenzen ergänzen (siehe „Grenzen akzeptieren“).

Alleinbleiben

Alleinsein bedeutet für Hunde Stress, denn in freier Natur mindert dieser Zustand deutlich die Überlebenschance. Daher ist dieser Umstand für noch wehrlose Welpen und Junghunde besonders tragisch; sie rufen dann verzweifelt nach ihrem Rudel.

Insgesamt ist es also immer von Vorteil, wenn ich mehrere Hunde halte. So mindern sich die Zeiten des Alleinseins, denn meist teilt sich das Rudel dann nur. Die Hunde bleiben daheim, während die Zweibeiner auf „Jagd“, also zur Arbeit gehen. Aber auch unter solch günstigen Umständen kann es passieren, dass mal ein Tier ganz allein bleiben muss. Es ist also geboten, jeden Hund mit dem Zustand so vertraut zu machen, dass er ihn halbwegs ruhig, ohne zu lärmen oder etwas zu zerstören, ertragen kann.

Vielen Hunden ist schon sehr geholfen, wenn sie nicht zusätzlich noch das ganze Territorium bewachen müssen. Viele fühlen sich im Zwinger statt im Garten oder in einem Zimmer statt im ganzen Haus wohler. Auch wenn ich es als Mensch nur gut meine, wenn ich mehr Raum zur Verfügung stelle, so hat sich doch erwiesen, dass die meisten Hunde in Zeiten des Alleinseins diesen überhaupt nicht nutzen, sondern eher liegen und dösen, wenn sie nicht glauben, Wache schieben zu müssen.

Geht es nur um eine relativ kurze Wartezeit, kann ich auch über einen Aufenthalt in einer Box nachdenken. Selbstverständlich hatte der Hund vorher die Möglichkeit sich zu lösen, wurde ausreichend geistig und körperlich ausgelastet, konnte trinken und hat eine Kleinigkeit im Magen. Zur Ablenkung und zum Abreagieren bietet sich Kauspielzeug oder mit Futter gefülltes Spielzeug an.

Natürlich setzte ich den Hund nicht gleich über Stunden in die Box, sondern gewöhne ihn schrittweise daran. Ich fange mit wenigen Sekunden an und steigere mich langsam. Anfangs bleibe ich in direkter Nähe, denn erst kommt die Gewöhnung an die Box und danach die Gewöhnung ans Alleinsein.

Es gibt übrigens Welpen, die gegen jede Form der Freiheitsbeschränkung protestieren, selbst wenn ihre Menschen in unmittelbarer Nähe sind. Das darf ich natürlich nicht mit Verlassensängsten verwechseln. Ein Blick ins wütende Hundegesicht dürfte eigentlich für diese Erkenntnis reichen. Jetzt heißt es, Nerven bewahren. Solange das Gebrüll anhält, bleibt der Zustand wie er ist, die Türe zu und ich in der Nähe. Erst wenn der kleine Wüterich zur Ruhe gekommen ist, was in schweren Fällen durchaus über Stunden dauern kann, hole ich ihn raus. Mit solchen Kandidaten übe ich sehr intensiv die Frusttoleranz, sonst wird es später mit der Standruhe nichts werden.

Alleinsein wird von mir sukzessive geübt, angefangen mit kurzen Aufenthalten im Nachbarzimmer, kleinen Erledigungen vor der Tür und kurzen Besorgungen. Weder beim Verlassen noch beim Zurückkommen verhalte ich mich auffällig. Alleinsein soll schließlich nichts Besonderes sein, sondern was völlig Normales.

Wichtig ist aber, dass ich niemals heimkehre, wenn der Hund gerade offensichtlich Protest heult oder anderes unerwünschtes Verhalten zeigt. Ich würde dies sonst verstärken, selbst wenn ich den Hund augenblicklich schimpfe. Meine Rückkehr zu beschleunigen war sein Ziel. Hier heißt es warten, bis Ruhe einkehrt. Anders sieht es aus, wenn der Hund aus Verlassensangst heult. Hier trete ich sofort ein, denn in seiner Panik kann mein Hund nun eh nichts mehr lernen. Tritt so eine Situation auf, muss ich die Zeit des Alleinseins wieder deutlich reduzieren!

Bevor ich das Haus verlasse, räume ich alles, was dem Hund gefährlich werden könnte oder was ich sicher vor Zerstörungen schützen will, weg. Sinnvollerweise ist Entsprechendes nie für meinen Hund zugänglich.

Sollte in meiner Abwesenheit ein „Unglück" passiert sein, so schelte ich den Hund nicht. Er könnte es ohnehin nicht mehr richtig verknüpfen und verlöre nur das Vertrauen in mich, weil ich grundlos wütend werde, und hätte beim nächsten Alleinsein unnötig mehr Stress. Stattdessen räume ich kommentarlos auf und sorge beim nächsten Alleinbleiben besser vor.

Maul öffnen („Aus")

Hier möchte ich, dass mein Hund mir alles, was er im Fang trägt oder benagt, problemlos ausgibt. Dies übe ich über sogenannte Tauschgeschäfte. Dazu gebe ich dem Hund etwas, was in seinen Augen eher minderwertig ist, und dann animiere ich ihn durch Präsentation von Besserem zum Tauschen. Nach und nach halte ich immer mehr versteckt, was ich zum Tausch anbieten werde. Der Hund soll nämlich nicht „berechnen", ob sich ein Tausch für ihn tatsächlich lohnt, und als Erwachsener natürlich auch ohne Gegenleistung abgeben.

Klappt der Tausch ziemlich sicher, dann gibt es ab jetzt gelegentlich auch nur eine normale Belohnung, aber weiterhin überwiegend den Jackpot. Schrittweise steigere ich den Wert dessen, was der Hund mir ausgeben soll.

Immer wieder, ein Hundeleben lang, überrasche ich ihn mit einem supertollen Jackpot, denn er muss immer glauben, einen wirklich guten Tausch machen zu können. Als Hörzeichen nutze ich „Aus", andere verwenden „Gib" oder „Tauschen", als Sichtzeichen die nach oben offene, fordernde Hand, in die das Tauschobjekt abgelegt werden soll.

Parallel übe ich die Wegnahme von Futter. Anfangs nehme ich es noch nicht weg, sondern gebe nur etwas Futter zusätzlich in die Schüssel. Meine zur Schüssel greifende Hand wird so als positiv verknüpft. Später nehme ich für einen Augenblick die Schüssel hoch und gebe etwas Gutes dazu. In jungen Jahren

Tausche Ente gegen Pansen – Gana gibt immer problemlos ab.

regelmäßig geübt gibt es dann meist auch beim Althund keine Probleme mit übermäßigem Bewachen von Futter.

Habe ich nichts Passendes zum Tauschen dabei und will der Hund mir seine Ressource nicht geben, obwohl ich sie ihm keinesfalls überlassen kann, entwende ich sie mit sanfter Gewalt. Dazu halte ich zunächst den Hund, nicht die Beute. Denn wenn ich an ihr ziehe, wird sie aus Sicht des Hundes noch interessanter, er wird den Kiefer nur noch fester schließen.

Bei manchen Hunden reicht es aus, jetzt zu warten, bis sie ihren Fund gelangweilt ausspucken. Bei manchen Hunden kann ich mit der freien Hand vorsichtig das Fundstück aus seinem Kiefer drehen. Aber Vorsicht, vorher sollte ich mir über die Ausprägung der Beißhemmung des Hundes im Klaren sein!

Bei manchen hilft es auch, wenn ich jede noch so feine Entspannung im Kiefermuskel mit dem Marker kennzeichne, selbst wenn er momentan das Futter nicht nimmt. Das Markersignal löst Wohlgefühle aus und mindert so den Stress, dem Hund fällt die Abgabe leichter.

Will er hingegen das Ding fressen und habe ich starke Bedenken, es könnte für ihn schädlich sein (zum Beispiel Giftköder), greife ich dem Hund über den Oberkiefer, drücke die Lefzen an die Zähne und schiebe meine Finger von beiden Seiten samt Lefze hinten zwischen die Backenzähne. Jetzt wird der Hund den Kiefer vermutlich nicht mehr fester schließen, da er sich dann ins eigene Fleisch beißen müsste. Meine Finger sind somit halbwegs geschützt. Nun ziehe ich mit der anderen Hand dem Hund die Beute aus dem Kiefer.

Aber Achtung, das ist eine Notfallmaßnahme! Sie erfolgt auf eigene Gefahr, denn es besteht ein hohes Risiko, schwere Bissverletzungen davonzutragen! Im Zweifel riskiere ich lieber das Leben eines Hundes als meine Finger oder gar noch mehr!

Ist für meinen älteren Hund durch ungünstige Vorerfahrungen das Ausgeben schon stark stressbelastet und lässt er sich nicht zum Tauschen animieren, verteidigt gar seine Ressource, bietet sich folgende Alternative im Training an:

Ich wähle ein neues Hörzeichen zum Ausgeben, zum Beispiel „Drop" (engl. für fallen lassen). Jetzt brauche ich noch einen Vorrat kleiner Leckerchen und den Hund in ablenkungsarmer Umgebung ohne irgendwelche Ressourcen, die er nehmen und tragen will. Nun gebe ich das neue Hörzeichen und werfe gleichzeitig eine Handvoll Leckerchen dem Hund vor die Schnauze. Dieser wird anfangen sie zu fressen und ich zeige ihm mit ruhigen Bewegungen noch liegende Bröckchen mit der Hand. Dies tue ich, damit er sich dran gewöhnt, dass meine Hand zu seiner Schnauze kommt, ohne dass ich ihm etwas wegnehmen will. Diesen Vorgang wiederhole ich mehrfach und möglichst überraschend für den Hund jeden Tag, an verschiedenen Orten, unter verschiedenen Ablenkungen, aber immer ohne Ressource.

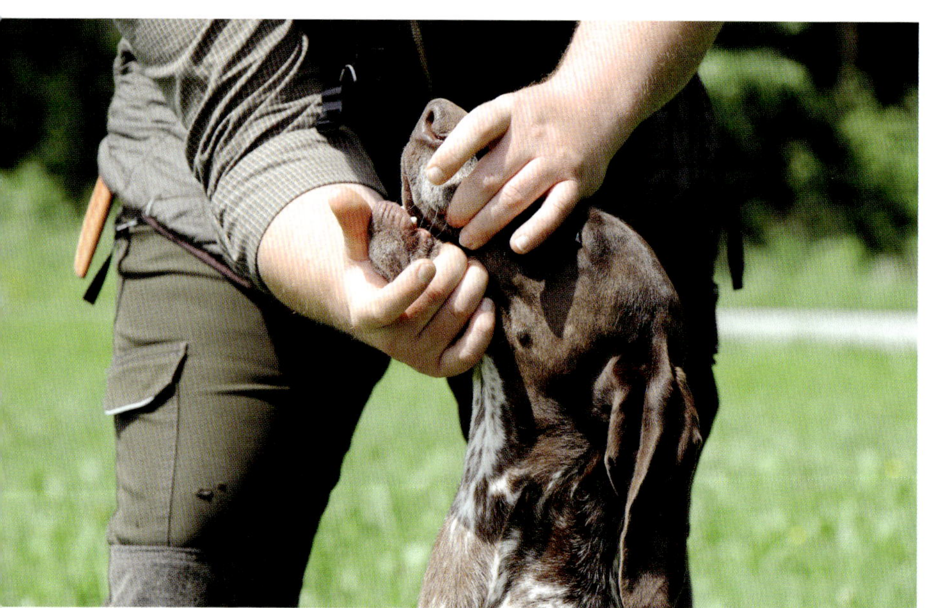

So sind die Finger durch die Lefze geschützt.

Nach einigen Wochen lege ich für den Hund vollkommen unbedeutende Gegenstände aus und übe dazwischen weiter. Im nächsten Schritt hebe ich nach dem „Drop“ einen Gegenstand kurz auf und lege ihn gleich wieder ab, um dem Hund noch weitere Bröckchen am Boden zu zeigen. Klappt auch dies, lege ich etwas begehrtere Dinge aus und sage mein „Drop“ inklusive Futterwurf, noch bevor der Hund das Ding aufnimmt. Ich selbst ignoriere die Gegenstände derweil. Nimmt der Hund den Gegenstand, sage ich ebenfalls „Drop“ und werfe das Futter. Lässt er den Gegenstand fallen, werfe ich noch ein paar mehr Leckerchen vom Gegenstand weg und zeige sie dem Hund.

Noch mache ich keine Bewegung auf den abgelegten Gegenstand zu, sondern ziehe mich nach Beendigung des Fressens zurück. Der Hund soll nicht das Gefühl bekommen, ich wolle ihm seine Beute abluchsen. Erst wenn er beim Fressen entspannt bleibt und nicht argwöhnisch guckt, ob ich nicht vielleicht doch seinen Schatz nehmen will, zeige ich ihm auch Leckerchen, die daneben liegen. Klappt auch das, berühre ich zwischendurch den Gegenstand. Später nehme ich ihn kurz auf und lege ihn wieder ab.

Nach und nach steigere ich den Schwierigkeitsgrad und verwende Dinge, die dem Hund wichtiger sind. Allerdings steigere ich nicht kontinuierlich, sondern führe auch immer wieder ausgiebige Übungen ohne oder mit unwichtigen Dingen durch.

Nach intensivem, monatelangem Training ist mein Hund dann so weit, dass er auch sehr begehrte Dinge automatisch und stressfrei fallen lässt, wenn ich „Drop“ sage, und dass er es ertragen kann, wenn ich diese Dinge kurz aufnehme und wieder ablege.

Jetzt bin ich mit dem ehemals im Ausgeben verkorksten Hund da, wo ich mit einem unbelasteten Hund mit Tauschen anfange. Ein mühseliger Weg, aber ohne ein stressfreies „Aus“ ist an einen stressfreien Apport gar von Wild nicht zu denken! Und Stress beim Apport führt oft zu zögerlichem Bringen, Knautschen, Anschneiden oder Eingraben.

Keinen Unrat fressen

Insgesamt ist es empfehlenswert, wenn ein Hund draußen keine Fundsachen unbedarft frisst. Es könnte bereits verdorben oder sogar absichtlich vergiftet worden sein. Bei weniger verfressenen Rassen ist oft gar kein spezielles Training nötig, bei Beagles, Retrievern und Seelenverwandten hingegen kann es ein sehr langwieriges und aufwendiges Training werden.

Einen Welpen kann ich unter Umständen mit dem von Dagmar Spillner geprägten „Fuchskacke-Alarmschrei“ bleibend beeindrucken. Dabei stürze ich mich wie eine Furie auf das gefundene, möglicherweise von mir sogar zu diesem

Das Fressen von Unrat ist manchen Hunden nur schwer abzugewöhnen.

Zweck absichtlich ausgelegte Stück, attackiere es, als wäre es eine Giftschlange und als ginge es um das Leben meines Welpen. Damit dies tatsächlich Eindruck auf meinen Hund macht, muss ich sehr überzeugend agieren. Mein Hund muss anschließend sicher sein, dass ernsthaft Gefahr bestand.

Den Hund selbst beachte ich nicht. Sollte er mich hinterher etwas misstrauisch betrachten, so gehe ich nicht darauf ein, sondern betont munter meiner Wege. Meine Attacke galt ja nur dem Fundstück, das meinem Welpen gefährlich werden wollte. Wirklich gut ist meine Vorstellung als Furie, wenn zufällig anwesende Passanten mich in eine Klinik einweisen lassen wollen.

Sehr bald wird der Welpe merken, wo die Gefahr war, und sich schon auf meinen Alarmschrei hin abwenden oder sich zukünftig für solche Dinge weniger interessieren. Das funktioniert aber nur, wenn ich absolut überzeugend schauspielern kann und auch nicht über mich selbst lachen muss – ich persönlich schaffe das leider nicht.

Bei künftigen Jagdgebrauchshunden sollte ich sehr genau aufpassen, dass ich dieses Ignorieren ausschließlich für gefundene Lebensmittel verwende. Wenn ich Hinterlassenschaften von Wild oder verluderte Wildreste derart tabuisiere, darf ich später nicht erwarten, dass mir mein Hund noch irgendwas Jagdliches verweist oder apportiert! Im Zweifel baue ich lieber ein sicheres Verweisen von allen möglichen Fundstücken auf.

Um das Verweisen oder später auch Ignorieren zu üben, lege ich ebenfalls passende Fundstücke aus, die ich jedoch vor dem Zugriff des Hundes sichere, zum Beispiel durch eine Futterdose mit Löchern im Deckel. Nun gehe ich so vor, wie im Kapitel Impulskontrolle (siehe unten) beschrieben. Allerdings gebe ich nie die Verlockung frei, sondern belohne immer aus meiner Tasche. Wenn der Hund sicher frei laufend verharrt und sich zu mir umsieht, kann ich versuchen, aus dem Verharren ein Ignorieren zu formen.

Dazu schicke ich den Hund aus dem Verharren ohne vorherige Belohnung weiter und markiere und belohne diese Reaktion. Nach einigen Wiederholungen warte ich, ob der Hund sich auch ohne meine Aufforderung weiterbewegt, um das Markersignal auszulösen. Klappt dies, wird er bald das Verharren immer mehr verkürzen, also gewünscht überhasten, bis er gar nicht mehr an der Verlockung stehen bleibt, sondern sie bewusst ignoriert. Schafft mein Hund die gestellte Anforderung noch nicht, gehe ich wie üblich etwas zurück im Training.

Bei extrem verfressenen Hunden werde ich vielleicht nie ein Ignorieren erreichen können, die Verlockung ist zu groß. Im Hinblick auf die Müllschlucker-Problematik muss ich auch überlegen, ob ich Futter nach dem Markersignal auf den Boden werfe oder lieber nicht. Da ich persönlich weder einen Beagle noch einen Retriever führe, landen meine Leckerchen durchaus auf dem Boden.

Frusttoleranz

Der Hund sollte in kleinen Dosen lernen, Frust zu ertragen. Dies ist enorm wichtig, da sich Frust im Leben nie völlig vermeiden lässt. Kann mein Hund mit Frust aber nicht umgehen, weil er es nie gelernt hat, besteht die Gefahr, dass er unerwünschte oder gar problematische Verhaltensweisen zeigt. Zu diesen zählen übermäßiges Bellen, destruktives Verhalten, Urinieren und Defäkation im Haus, Aggression bis zur blinden Wut oder auch Selbstverstümmelung.

Schon die im Kapitel „Grenzen akzeptieren" beschriebenen Umgangsweisen führen beim Hund zu leichtem Frust, den er zu ertragen lernt. Zusätzlich kann ich Frust erzeugen, indem ich Gewohnheiten ändere und eine Erwartungshaltung überraschend einmal nicht erfüllt wird. Da werden die Hundesachen angezogen, aber ich gehe nicht raus, sondern zum Fernsehen aufs Sofa oder einfach ohne Hund vor die Tür. Das Futter wird vorbereitet, aber nicht gereicht oder gar hingestellt und gleich kommentarlos wieder weggenommen.

Natürlich löst solch ein Frust auch Stress aus; den gilt es zu verarbeiten. Da dieser Vorgang biochemischer Natur ist und seine Zeit braucht, dürfen die Frustrationsübungen keinesfalls übertrieben werden. Mäßig, aber regelmäßig ist die Devise. Starker Stress braucht etwa drei Tage, bis er ganz verarbeitet ist!

Und bei Hunden, die sich schon im Alltag ständig stressen und Frust ertragen müssen, sehe ich von solchen Übungen ab. Ihnen helfe ich mit den gegenteiligen Maßnahmen, ich schaffe absolut vorhersehbare Abläufe und somit eine stressmindernde Sicherheit.

Impulskontrolle

Wenn mein Hund fertig ausgebildet ist, möchte ich mich mit ihm frei laufend im Revier bewegen können, ohne dass ich in jeder Sekunde Acht geben muss, dass er nicht ungefragt irgendwelche Spuren aufnimmt oder hinter Wild herhetzt. Damit mein Hund so etwas leisten kann, muss er über eine sehr gut ausgeprägte Impulskontrolle verfügen. Impulskontrolle heißt, einem verlockenden Reiz nicht einfach nachzugeben, sondern sich selbst zu beherrschen.

Will ich dieses Ziel primär über Belohnungen und möglichst nicht über Strafe erreichen, muss ich sehr intensiv an diesem Thema arbeiten. Es begleitet mich und meinen Hund quasi lebenslang.

Einen guten Teil Impulskontrolle habe ich schon mit den Übungen zum „Grenzen akzeptieren" aufgebaut. Mein Hund kann sich in vielen Situationen beherrschen oder zurücknehmen, wenn ich es explizit durch meine Körpersprache oder ein „ah-ah" abrufe. Er hat schon in vielen Situationen gelernt, dass er sich an mir orientieren und mich um Erlaubnis fragen soll. Dazu stoppe ich eigenmächtige Unternehmungen mit einem „ah-ah". Bremst sich mein Hund ein und wendet sich mir zu, dann gebe ich die Unternehmung – wenn gefahrlos möglich – deutlich frei.

Anfangs nutze ich mein Abbruch- bzw. Grenzsignal nur, wenn ich den Hund im Zweifel an seinem Vorhaben auch hindern kann – er also noch an einer Leine gesichert ist, ich ihm den Weg abschneiden kann oder Ähnliches. Erst wenn ich mir sehr sicher bin, dass er auf „ah-ah" stoppen wird, nutze ich es auch da, wo ich nicht mehr verhindernd eingreifen kann.

Zusätzlich führe ich mit meinem Hund noch weitere Übungen zur Impulskontrolle durch. Die wichtigste ist die sogenannte Steadyness-Übung. Ein Hund ist steady, wenn er ruhig und entspannt, aber durchaus aufmerksam bei mir verweilt, während um ihn herum Schüsse fallen, getroffenes Wild vom Himmel fällt, gesundes Wild ihm um die Pfoten flitzt und andere Hunde lauthals jagen.

Natürlich fange ich nicht in einer solchen Situation mit der Übung an, sondern ganz klein und unspektakulär. Den Hund am Geschirr angeleint (am Halsband wäre schließlich absolute Leinenführigkeit gefragt, auch schon eine Form der Impulskontrolle) nähern wir uns dem verlockend in der Wiese liegenden Ball, Kauknochen oder was der Hund sonst gern hätte. Springt der Hund in die Leine, halte ich ihn an dieser zurück und führe ihn im Bogen erneut an den Ball heran, und zwar so lange, bis er vor dem Ball kurz verharrt. Dieses Verhalten bestärke ich und zaubere als Belohnung einen zweiten Ball aus der Tasche, mit dem wir kurz spielen.

Dann kommt dieser Ball wieder weg und wir nähern uns erneut dem ausgelegten Ball. Bleibt mein Hund sicher vor diesem stehen, zögere ich das Markersignal heraus. Vermutlich wird sich mein Hund fragend zu mir umsehen: „Hee, wo bleibt mein Marker, siehst du nicht, dass ich vor dem Ball stehe?“ Und genau jetzt markiere ich sein Verhalten und gebe wieder die Belohnung aus der Tasche.

Sobald mein Hund jeden Ball durch Verharren an lockerer Leine und Rückblick zu mir anzeigt, kann ich einen Schritt weiter gehen. Die Leine kommt weg. Jetzt muss ich natürlich Vorkehrungen treffen, damit der Hund nicht doch noch an den Ball kommt, wenn er sich nicht beherrscht. Ein Zaun oder eine Hilfsperson kann die Lösung sein.

Der Hund soll lernen, dass er das geworfene Spielzeug nur nehmen darf, wenn er dazu aufgefordert wird.

Zu Anfang verlange ich nur ein Verharren, später dann auch wieder den Rückblick zu mir. Die Belohnung kommt weiterhin zu 95 Prozent aus der Tasche. Denn sonst bildet sich schnell die Kette Wahrnehmen, Verharren, Gucken, Freigabe, Zugreifen. Und bald schon überhastet mein Hund diese Kette und springt vom Wahrnehmen gleich zum Zugreifen – meine ganze Impulskontrolle ist dahin.

Nur manchmal darf er dann doch nach dem Markersignal zum Objekt der Begierde, aber nur nach meiner Aufforderung mit mir gemeinsam als Team, und zwar deshalb, weil ich später bei Wild nichts Vergleichbares aus der Tasche zaubern kann. So soll er sein Begehr wenigstens mit Schnüffeln etwas befriedigen können.

Klappt es mit der Selbstbeherrschung am unbewegten Objekt, bringe ich nun zunehmend Bewegung in die Sache. Der Hund wird wieder über die Leine gesichert, der Ball anfangs langsam gerollt, sachte geworfen und dann mit Elan geworfen, während der Hund schon an lockerer Leine neben mir steht. Funktioniert dies alles zuverlässig, arbeite ich wieder ohne Leine.

Im nächsten Schritt ist auch der Hund in Bewegung, wenn plötzlich der zunächst langsam rollende und sich dann immer schneller bewegende Ball ins Bild kommt. Wie üblich ist mein Hund anfänglich durch eine Leine gesichert und später frei.

Nun erhöhe ich die Distanz zwischen mir und meinem Hund bis er sich quasi auch in meiner Abwesenheit beherrscht.

Solche Übungen wiederhole ich mit allen möglichen Verleitungen, bis ich auch an den im Stadtpark sitzenden oder rumhoppelnden Kaninchen problemlos vorbeigehen kann.

Tut mein Hund sich schon beim ruhig liegenden Ball schwer, sich zu mir umzudrehen, so versuche ich eine weniger starke Verleitung zu finden. Ich kann ihm aber auch etwas helfen, indem ich ihn mit seinem Namen anspreche, ein leises Geräusch mache, ihn anstupse oder sachte an der Leine zupfe, um seine Aufmerksamkeit auf mich zu lenken.

Es stellt sich die Frage, ob nach diesem Training ein hochpassionierter Jagdhund nicht mehr richtig jagen und das Wild ignorieren wird. Nein, denn ich untersage ihm weder das Interesse an Wild noch den Zugang, sondern erarbeite nur, dass er sich in meiner Gegenwart bei plötzlich auftauchendem Wild zunächst beherrscht und an mir orientiert. Zusätzlich fördere ich mit anderen Übungen ganz gezielt die jagdlichen Anlagen (siehe entsprechendes Kapitel). Und durch Rituale wird dem Hund deutlich, wann Jagdzeit ist und wann Freizeit. Jagd ist, wenn ich ihn explizit schicke. Dazu trägt er dabei je nach Arbeitsgebiet andere Utensilien. Außerdem ist der so beschrittene Weg jederzeit reversibel, was bei durch additive Strafe ausgebremsten Hunden so nicht immer der Fall ist.

Auch die unter „Kontrolle am Wild“ und „Vorstehen“ beschriebenen Arbeiten mit der Hetz- und Reizangel fördern die Impulskontrolle des Hundes.

Ebenfalls hilfreich zur Formung der Impulskontrolle ist es, wenn mein Hund lernt, sich möglichst schnell abzuregen. Mit einem niedrigen Erregungsgrad kann er sich leichter beherrschen als mit einem hohen.

So spiele ich erst betont ruhig mit ihm, dann drehen wir gemeinsam auf, rennen und toben durch die Gegend, um dann wieder ruhig zu schmusen. Dabei muss ich natürlich meine Körpersprache und Emotionen entsprechend modulieren. Sich abregen, während der eigene Mensch noch völlig hochgedreht ist, ist zu viel verlangt.

Das Ganze geht auch mit Spielzeug, das ich in der Hand halte und den Hund darauf wildmache. Dann beruhige ich mich selbst und der Hund bekommt es erst, wenn auch er sich beruhigt hat. Dieses Abregen wird später auch mit einem passenden Signal verknüpft wie zum Beispiel einem tiefen, gedehnten „Ruuuhig“ oder „easy“ wie bei der konditionierten Entspannung. Das lässt sich auch beim Training jagdlicher Übungen nutzen, wenn ich beispielsweise den durch frische Verleitungen aufgeregten Hund bei der Schweißarbeit runterfahren will.

Der Hund sollte lernen, sich möglichst schnell abzuregen.

Anlagenförderung für Jagdgebrauchshunde

Früher ließ man den Welpen und Junghund nahezu roh. Er wurde weder im Gehorsam gearbeitet noch besonders auf seine späteren jagdlichen Tätigkeiten vorbereitet. Heute hingegen ist es vollkommen üblich, schon den jungen Hund zu arbeiten und natürlich fördere auch ich meinen bestmöglich.

Welche Anlagen ich bei meinem Jagdhundwelpen fördere, hängt natürlich stark von seiner Rasse und dem später angestrebten Einsatzgebiet ab.

Jeder Jagdgebrauchshund sollte so früh wie möglich auf seine spätere Tätigkeit vorbereitet werden.

ERLAUBNIS EINHOLEN

Ich bitte zu beachten, dass die Abrichtung von Jagdgebrauchshunden überwiegend als eine Form der Jagdausübung aufgefasst wird. Es ist also angebracht, falls kein eigenes Revier zur Verfügung steht, sich vorher die Erlaubnis vom Jagdausübungsberechtigten und vielleicht auch Grundeigentümer einzuholen. Dies empfiehlt sich auch für Nichtjäger. Denn wenn Stress und Ärger vorprogrammiert sind, sobald man mich beim Training erwischt, kann ich mich meist nicht ausreichend auf meine Arbeit mit dem Hund konzentrieren und sie in vielleicht wichtigen Momenten auch nicht zu Ende führen.

Nasenarbeit

Die Nase ist das wichtigste Sinnesorgan unserer Hunde. Sie zu nutzen, fällt ihnen leicht, es macht ihnen Spaß und sie tun es eigentlich ohnehin ständig. Als Jäger möchte ich später aber, dass mein Hund sich auf die von mir vorgegebene Arbeit konzentriert, egal, wie verlockend andere Gerüche in der Umgebung sein mögen, egal, wie langweilig die von mir angesagte Arbeit im Gegensatz ist. Und so eine künstliche Prüfungsfährte zur VGP ist für einen eingejagten Hund mit Sicherheit eher langweilig. Ich muss nicht die Nasenleistung meines Welpen schulen, sondern seine Motivation, seine Konzentration, seine Ausdauer. Zwei oder drei kleine Übungseinheiten pro Woche reichen völlig.

Ich übe schon mit dem ganz jungen Welpen die Ausarbeitung von Spuren und zeige ihm, dass sich diese konzentrierte Tätigkeit lohnt. Daher ist es wichtig, ihn keinesfalls zu überfordern und zu frustrieren. Weniger ist mehr. Aber auch Unterforderung führt zu Langeweile und ist daher zu vermeiden.

Schleppen

Ich beginne mit kurzen Futterschleppen – wirklich kurz, also nur 5 bis 10 Meter. Davon lege ich drei mit ausreichend seitlichem Abstand, denn der Hund soll bei der Arbeit keinen Wind von einer benachbarten Schleppe bekommen. Das Gelände sollte nicht zu hoch bewachsen sein, denn mein Hundchen soll mit der Nase suchen und nicht einem von mir gewalzten Pfad mit den Augen folgen. Entsprechend lege ich auch keine Schleppen im frisch gegrubberten Acker, wo meine Fußabdrücke offensichtlich wären.

Beim Legen und Arbeiten achte ich darauf, dass ich möglichst keinen Wind von vorne, also vom Fährtenende habe, sonst weiß mein Hund schon am Start, wo das Ziel ist, und könnte abkürzen oder mit hoher Nase suchen wollen. Zudem markiere ich mir den Fährtenverlauf ganz genau mittels Stöcken, Markierbändern oder Straßenkreide.

Bei der ersten Übung lasse ich meinen Hund beim Legen der Schleppen noch zuschauen. Es ist kurz vor seiner üblichen Fütterungszeit. Am Ende jeder Schleppe liegt ein Teil seiner Essensration. Dann hole ich den Welpen mit Geschirr und leichter Feldleine ab und führe ihn in die Nähe des ersten Abgangs. Dort binde ich ihn an einem Baum oder einem Erdanker an. Dann knie ich mich am Abgang nieder und untersuche diesen interessiert und leicht aufgeregt. Dabei schaue ich immer wieder zu meinem Vierläufer. Zeigt auch er sich interessiert, hole ich ihn ab. Am Abgang halte ich ihn kurz zurück, bis er Witterung aufgenommen hat. Dies kann ich durch eigene laute Schnüffelgeräusche durchaus unterstützen (Lernen durch Nachahmung).

Sobald der Hund die Spur aufnehmen will, lasse ich die Feldleine durch meine Hand laufen. Ich folge dem Hund dicht auf. Kommt er von der Spur ab, bleibe ich stehen und halte die Leine fest, damit der Welpe im kleinen Radius die Spur wiederfinden kann. Sobald er sich dort wieder „eingeloggt" hat, gebe ich mit der Leine nach und folge ihm weiter. Am Ende angekommen lobe ich ihn und lasse ihn sein Futter fressen. Dann trage ich ihn zum nächsten Abgang und wiederhole das Startritual. Nach der dritten Schleppe ziehe ich dem Hund das Geschirr aus und lasse ihn springen.

Am nächsten Tag wiederhole ich die Übung. Und ab dem dritten Übungstag liegt das Futter nicht mehr offen da, sondern in einer Dose mit Löchern im Deckel. Sobald der Hund das Schleppenende erreicht hat, lobe ich ihn und mache ihm sofort die Dose auf. Da er später weder anschneiden noch Verweiserbrocken fressen soll, ist es besser, ihm gar nicht erst das Fressen auf einer Schleppe oder Fährte anzugewöhnen.

Eywa findet eine Verweiserdose.

In der zweiten Woche erhöhe ich meist schon die Standzeit der Schleppe auf drei bis sechs Stunden, die Länge bleibt aber weiterhin absolut gering.

In der dritten Woche wechsle ich von „normalem" Futter wie Hähnchen oder Rinderpansen als Schleppstück auf Wildpansen oder Wildbret. An den Abgang lege ich entsprechenden Schweiß oder Haare. Als Belohnung in der Dose findet sich aber das normale Futter. Unter der Dose befindet sich ein Stück Decke oder Schwarte von dem Individuum, das ich auch zum Schleppen genommen habe. Wer keinen Spezialisten ausbilden will, kann darauf unter Umständen verzichten und sich mit der gleichen Art begnügen.

Ab der vierten Woche nutze ich parallel zur Schleppe die Fährtenschuhe, natürlich mit den Schalen des entsprechenden Stückes.

Ab der fünften Woche tupfe ich nur noch parallel zur Fährtenschuhfährte und baue die drei Fährten zu einer zusammen. Dabei liegt wie üblich nach spätestens 10 Metern eine Futterdose zusammen mit einem Deckenfetzen. Bleibt mein Hund dort stehen, wird er gelobt und die Dose geöffnet. Doch diesmal ist dort nicht Schluss, sondern es geht direkt weiter. Eventuell muss ich mich selbst erneut für den weiteren Verlauf der Fährte interessieren, etwa am Boden kruschteln und aufgeregt schnüffeln, damit der Hund seine Nase wieder einsetzt.

In den weiteren Schritten erhöhe ich die Standzeit auf über Nacht, lege die Fährte in wildreichere Gebiete, baue die ersten leichten Bögen ein und verlängere sehr vorsichtig die Strecken, indem ich weitere Futterdöschen einbaue.

Natürlich sind die Wochenangaben keine festen Vorgaben, sondern ich passe die Schwierigkeiten dem Können meines Hundes an.

Habe ich ihn mal überfordert und der Hund bricht die Arbeit nach erfolglosem Bemühen ab, dann zeige ich ihm nicht, wie der weitere Verlauf ist, denn er muss diese Arbeit später auch ganz allein bewerkstelligen. Ich kann ihm im Ernstfall nicht helfen. Ich kann aber eine kleine Pause auf der Fährte einlegen, mich zwei Meter abseits hinsetzen und den Hund ablegen. Und wenn er sich etwas regenerieren konnte, setze ich ihn wenige Meter zurück auf der Fährte neu an.

Bin ich mir hingegen sicher, dass genau dieser Fährtenabschnitt zu schwierig ist, greife ich nicht zurück, sondern setze den Hund weiter vorne nach diesem Abschnitt wieder an. Dabei starte ich aber nicht direkt auf der Fährte, sondern führe ihn im rechten Winkel auf den Fährtenverlauf zu. Dabei unterstütze ich

Bana mit tiefer Nase.

WIE FÜR WELCHE RASSEN?

Die beschriebene Trainingsintensität für die Nasenarbeit ist auf Bracken und Schweißhunde zugeschnitten oder auch auf andere Rassen, die später primär Schweißarbeit leisten sollen. Für Allrounder, die noch weit mehr Fächer lernen müssen, ergibt sich unter Umständen ein zeitliches Problem, sodass weniger vom beschriebenen Training möglich ist und der Fortschritt langsamer erfolgt. Zudem sollte man bei Vorstehern darauf achten, dass man mindestens gleich häufig Arbeiten mit hoher Nase übt und bei künftigen Feldgebrauchshunden sogar dort den Schwerpunkt setzt.

ihn – wenn nötig – auch stimmlich oder mit Schnüffelgeräuschen. Dockt er jetzt wieder an, geht es mit Lob bis zum nächsten Döschen.

Klappt auch das Vorgreifen nicht, breche ich die Übung ab und ziehe dem Hund die Arbeitsutensilien ohne Lob und ohne Tadel aus. Um den Frust auszugleichen schließe ich sofort eine frische, leichte Motivationsfährte an. Die nächste Übung gestalte ich ähnlich in der Problemstellung, aber weniger schwierig.

Verlässt mein Hund die Fährte, bricht also auch die Arbeit ab, aber ohne sich vorher bemüht zu zeigen, gar nachdem er vorher mit hoher Nase daher ging, kann ich davon ausgehen, dass ich ihn deutlich unterfordert habe oder ihn die Belohnung nicht ausreichend motiviert. Auch hier muss ich Abhilfe schaffen, die Schwierigkeit erhöhen oder die Belohnung anpassen. Vielleicht habe ich auch einen Kandidaten am Riemen, der lieber wild mit der Decke spielt, als etwas zu fressen. Jedenfalls ist mein Junghund noch Lichtjahre davon entfernt, dass ich verlangen könnte, dass er auch langweilige Arbeiten konzentriert erledigt.

Aus diesen Vorübungen lässt sich später sowohl die prüfungsrelevante Schleppenarbeit als auch die spezialisierte Schweißarbeit entwickeln. Des Weiteren darf der junge Hund gern einen sozialverträglichen Spezialisten frei bei dessen Übungsfährten oder ungefährlichen Praxiseinsätzen begleiten.

Verweisen

Mit den Futterdosen und dabei liegenden Deckenfetzen wurden schon die Grundlagen des Verweisens geschaffen. Dieses Verhalten fördere ich natürlich auch bei jedem Gang durchs Revier. Bleibt der Hund stehen und beschnüffelt etwas interessiert, gehe ich sofort zu ihm. Ist es etwas für seinen späteren Einsatz Relevantes, lobe ich ihn „Feiner Hund, lass sehen". Handelt es sich hingegen um etwas Irrelevantes, so gebe ich keinen weiteren Kommentar ab. Mit zunehmendem Alter und zunehmender Erfahrung wird der Hund nur noch wichtige Dinge anzeigen.

Marken anderer Hunde gehören da aus seiner Sicht natürlich zu. Aber auch ich lerne, meinen Hund besser zu lesen, und weiß bald, wann er was beschnüffelt.

Führerfährte

Eine weitere Übung zur Schulung der Nase ist die Führerfährte. Dazu hält eine dem Hund bekannte Person diesen im Geschirr an der Leine und ich schleiche mich auffällig mit Nackenwind davon, um schon nach wenigen Schritten außer Sicht zu verschwinden und mich nach wenigen weiteren Metern zu verstecken.

Beim Weggehen verhalte ich mich so auffällig, dass mein Hund mir unbedingt hinterher will; dazu kann ich auch Futter oder Spielzeug präsentieren, das ich mit ins Versteck nehme. Diesem Folgedrang gibt mein Helfer nach, sobald ich in meinem Versteck angekommen bin. Vermutlich stürmt der Hund anfangs bis an die Stelle, wo er den Sichtkontakt verlor. Dort kann es dann etwas dauern, bis er vor Aufregung darauf kommt, seine Nase zu gebrauchen. Damit der Hund jetzt nicht mit ziellosem Hin und Her zufällig über mich stolpert, brauche ich die Hilfsperson, die während der gesamten Übung die Leine hält und ihm nur nachgibt, wenn er seine Nase gebraucht.

Sobald der Hund durch ein paar Wiederholungen verstanden hat, wie er zu mir finden kann, ist diese Leine nicht mehr nötig. Die Strecken können verlängert, der Verlauf zunehmend komplizierter, die Wartezeiten erhöht werden. Im letzten Schritt kann die Hilfsperson nach meinem Verschwinden mit dem Hund noch ein paar Meter laufen, sodass dieser zunächst auf seiner eigenen Fährte rückwärts suchen muss, um dann meine Spur zu finden und auszuarbeiten. Mein Hund lernt so auch, wie er mich wiederfinden kann.

FÜR HUNDE VON NICHTJÄGERN

Ruhige, konzentrierte Arbeit mit der Nase empfiehlt sich für alle Hunde. Natürlich wird in diesem Fall auf Wild als zu suchender Geruch verzichtet. Will man unabhängig von Hilfspersonen trainieren, kann man seinen Hund entweder dauerhaft Futterschleppen suchen lassen oder ihn auf einen bestimmten Geruch umpolen. So verfolgen die Hundemeuten bei der reiterlichen Fuchsjagd in Deutschland meist eine Spur aus Anis. Statt zur Suche eines individuellen Stück Wildes kann man seinen Hund aber auch zur Suche von einzelnen Personen anleiten. Mantrailing heißt diese Arbeit, mit der Polizei und Rettungshundestaffeln auch nach Vermissten suchen. Sportliche Fährtenarbeit, wie sie im Hundeverein betrieben wird, liegt vielen Jagdhunden hingegen nicht. Denn diese stellt weniger Ansprüche an die Nasenarbeit als an die Dressurkunst des Hundeführers.

Schussfestigkeit

Zum Thema Schussfestigkeit habe ich schon einiges im Kapitel „Gewöhnung" geschrieben. Falls der Züchter nicht schon mit der Habituation begonnen hat, indem er den Wurf in Anwesenheit der doch hoffentlich schussfesten Hündin bereits lauten, impulsartigen Geräuschen ausgesetzt hat, beginne ich gezielt mit einer Sensitivierung.

Jedes Mal, bevor ich an der Schussfestigkeit arbeite, kontrolliere ich die Ohren meines Schützlings. Denn sind diese entzündet, kann ein Schuss schlimme Schmerzen auslösen und eine lebenslange Schussempfindlichkeit die Folge sein. Natürlich setze ich meinen Welpen nicht gleich der Lautstärke und dem Schalldruck eines Großkaliberschusses in nächster Nähe aus. Vielmehr suche ich mir einen Helfer, der auf mein Zeichen in etwa 100 Meter Entfernung einen einzelnen Schuss abgibt. Ganz genau in dem Moment lasse ich eine schöne, große Scheibe Wurst oder Ähnliches vor meinen Hund fallen. Sein erstes Erlebnis mit einem Schuss ist so unwiederbringlich positiv belegt. Und auch die nächsten Schüsse verknüpfe ich klassisch mit Futter, dabei nähere ich mich Meter für Meter dem Schützen an.

GESUNDHEITSGEFAHR DURCH LÄRMBELASTUNG

Da Schussfestigkeit auf Jagdhundeprüfungen getestet wird, muss mein Hund an die entsprechende Lärmbelastung gewöhnt werden. Danach sollte ich mich aber bemühen, die im Nahbereich immer gesundheitsgefährdenden Schalldrücke zu vermeiden. Auch Hunde können ein Knalltrauma erleiden, einen Tinitus oder Schwerhörigkeit davontragen. Nehme ich den Hund mit auf den Ansitz oder in den Schirm, kann ich ihm einen Kapselgehörschutz für Hunde aufsetzen. Andernfalls sollte ich ihn mindestens 20 Meter abseits ablegen.

Das Ganze geschieht nicht an einem Tag, sondern in mehreren Übungseinheiten. Dabei achte ich darauf, dass mein Hund sich nicht immer direkt bei mir aufhält und er möglichst auch nicht merkt, dass ich die Quelle des Futterregens bin. Schon bald wird sich mein Hund nach einem Schuss erwartungsvoll umsehen, von wo denn jetzt der Segen kommt. Ich bin also auf dem Weg zu einer leichten Schusshitzigkeit.

Diesen Weg gehe ich auch mit einem erwachsenen Hund, der bisher nichts mit Schüssen zu tun hatte. Erst wenn mein Hund auch in absoluter Nähe zum Schützen positiv auf den Knall reagiert, wage ich es, in seiner Anwesenheit beim

Ansitz zu schießen. Jetzt schleiche ich die Bestärkung aus, schließlich soll der Hund später nach einem Schuss nicht zu mir kommen, sondern unbeeindruckt weiterjagen.

Habe ich die Anlagen- oder Jugendprüfung noch vor mir, so steigere ich die Schusshitzigkeit noch ein klein wenig. Ich schieße ein- bis dreimal, sobald mein Hund einen Hasen gestochen oder anderes Wild hochgemacht hat. Lieber führe ich einen Hund vor, der beim Schussknall in den Jagdmodus verfällt, als einen, der sich unter Umständen durch meine Nervosität auf der Prüfung leicht unsicher verhält.

FÜR HUNDE VON NICHTJÄGERN

Hier besteht wenig Bedarf, den Hund an einen Großkaliberknall in unmittelbarer Umgebung zu gewöhnen. Schon aus gesundheitlichen Gründen würde ich darauf verzichten. Allgemeine Schussfestigkeit kann man durch die beschriebenen Maßnahmen in der Nähe eines Schießplatzes erreichen. Weiteres Training könnte in einem Hundeverein für Vielseitigkeitssport (ehemals Schutzhundesport genannt) erfolgen. Dort müssen sich die Hunde an den Knall einer Schreckschusswaffe gewöhnen.

Bei der Prüfung der Standruhe muss direkt neben dem Hund geschossen werden. Flinte und Büchse sind beide gefährlich laut.

Nach diesen Prüfungen lasse ich den Schuss wieder zu einem unbedingten Reiz werden. Dazu muss ich darauf achten, dass mein Hund Schüsse nicht jedes Mal mit Beutemachen verbindet. Das ist mit ein Grund, warum ich meinen Hund zum Ansitz und zum Pirschen mitnehme.

Kontakt mit Wild

Natürlich soll mein künftiger Jagdhelfer schon Kontakte zu allen ihn später betreffenden Beutetieren haben. Dabei beginne ich mit Teilen dieser Tiere. Gute Züchter haben hier schon die ersten Prägungen vorgenommen.

Niederwild aller Art präsentiere ich im Rahmen der Förderung von Bringfreude anhand von entsprechend präparierten Dummys oder der des Vorstehens anhand von Teilen an der Reizangel. Schalenwild aller Art kommt bei der Förderung der Nasenarbeit zum Einsatz.

Doch was mache ich mit Raubwild, das sehr viele Hunde ablehnen oder geradezu widerlich finden? Dies mache ich durch die Arbeit an der Hetzangel schmackhaft.

So eine Hetzangel ist schnell selbst gebaut. Ich schneide mir einen zwei Meter langen Haselnussstecken, knüpfe an sein oberes Ende eine zwei Meter lange Reepschnur und an deren Ende eine Fuchslunte oder einen Marder, auch Krähen sind eher unbeliebt und können so attraktiver gemacht werden.

Mit der Hetzangel kann man Hunden auch Raubwild „schmackhaft“ machen.

Jetzt lasse ich meinen Hund springen, während ich die Beute mittels der Angel zum Leben erwecke. Sie zuckt durchs Gras, macht kleine Hüpfer, flüchtet vor dem neugierigen Hund. Dieser soll Spaß am Hetzen, Fassen, Zerren und Totschütteln finden. Jede seiner Aktionen feuere ich begeistert an. Ich lasse ihn gewinnen und bin stolz auf ihn. Auch hier kann ein begeistert an der Angel arbeitender Althund als Vorbild dienen. Doch Vorsicht, dass es nicht zu Beutestreit kommt! Natürlich kann ich ihn auch Schalenwild, das er später jagen soll, als Teil an der Angel hetzen lassen. Möchte ich mit einem rehreinen Hund jagen, kommt dieses natürlich nicht zum Einsatz.

Weitergehende Erfahrungen mit Wild ergeben sich dann durch die Förderung des Stöberns und der Arbeit auf der Hasenspur.

Kommt mein Hund unplanmäßig an Wild und geht mir aus der Hand, so versuche ich nicht, ihn abzurufen. Das klappt vermutlich sowieso nicht. Er würde nur lernen, dass meine Signale für ihn irrelevant sind. Daher sichere ich ihn in Gebieten, wo eine Jagd zu gefährlich oder aus anderen Gründen nicht möglich ist, durch eine Leine. Erst wenn das Abpfeifen oder Abtrillern ausreichend gut trainiert ist, kann ich es auch im Ernstfall anwenden.

FÜR HUNDE VON NICHTJÄGERN

Hier erfolgt verständlicherweise keine Anlagenförderung mit Wild. Ganz im Gegenteil – der Hund soll Wild möglichst uninteressant und langweilig finden. Wild darf deshalb auch vom Hundeführer nicht mit besonderer Aufmerksamkeit belegt werden, sonst wird es für seinen Hund etwas Besonderes, denn schließlich reagiert der Teamführer auch darauf. Stattdessen prägt man seinen Hund auf Ersatzbeute wie beispielsweise Futterdummys und Spielzeug.

Stöbern

Wenn ich meinen Hund später ernsthaft zum Stöbern auf Schalenwild einsetzen will, sollte er früh die nötige Selbstständigkeit und Selbstsicherheit entwickeln, sich von mir entsprechend zu entfernen.

Natürlich möchte ich trotzdem nicht, dass sich mein Hund bei normalen Reviergängen einfach auf und davon macht. Also nutze ich wieder klare Rituale. Immer, wenn mein Hund sich weit von mir entfernen darf und soll, trägt er eine Warnweste. So ist er im Fall eines Falles gut sichtbar. Zusätzlich bekommt er zum Stöbern ein Glöckchen umgeschnallt. Dies soll natürlich nicht seinen Laut ersetzen. Stumme Hunde sind auf Bewegungsjagden unbrauchbar. Doch auch

So ist der Hund richtig ausgerüstet zum Stöbern.

der laut jagende Hund befindet sich nicht immer auf einer frischen Fährte und kann demnach stumm durch die Dickung kommen.

Trägt er ein Glöckchen, ist jedem Schützen sofort klar: Da kommt ein Hund, kein Stück Wild. So läuft mein Vierbeiner deutlich weniger Gefahr, erst mit der Zieloptik einer geladenen Waffe angesprochen oder gar als vermeintliche Sau oder Fuchs zur Strecke gebracht zu werden. Und wenn mein Hund später immer diese Glocke im Stöbereinsatz tragen wird, kann ich sie auch schon dem Welpen umhängen.

Unser Übungsgebiet wähle ich so aus, dass mein Hundchen weder auf Straßen noch auf Schienen noch ins benachbarte Revier laufen kann, es sei denn, der Nachbar hat nichts dagegen. Idealerweise führen auch keine beliebten Wanderwege in der Nähe vorbei, sonst muss ich damit rechnen, dass sich mein Hund entweder dort anschließt, weil es nach Picknick duftet, oder als vermeintlich entlaufener Hund eingesammelt wird. Im Zweifel beschrifte ich die Warnweste entsprechend und versehe den Hund noch mit einem Ortungssystem.

Ich gehe mit meinem Hund also in die Nähe einer interessanten Dickung. Dort suche ich mir ein gemütliches Plätzchen, ziehe dem Vierläufer Weste und Glocke an und lasse ihn springen. Er darf sich jetzt eigenständig in der Gegend umsehen und dabei immer weitere Kreise ziehen. Ich selbst kann derweil ein Buch lesen, denn der Hund soll ohne meine Unterstützung auskommen. Kommt mein Hund wieder an meinem Platz vorbei, so lobe ich ihn kurz und ermuntere ihn zu einer weiteren Abenteuertour. Wirkt er hingegen erschöpft, darf er sich natürlich ablegen.

Irgendwann wird er bei seinen Erkundungen auf Wild stoßen und irgendwann wird er auch die Sicherheit haben, diesem ein Stück weit zu folgen. Dadurch, dass er schon als kleiner Welpe gelernt hat, mich durch seine Nase wiederzufinden, wird er diese Technik auch nach seiner ersten Jagd anwenden können. Ich suche ihn absichtlich nicht, denn er muss lernen, sich selbst zu orientieren.

Was tue ich aber, wenn ich einen Hund habe, der sich nicht von mir lösen will? Zunächst bewahre ich Ruhe und gebe dem Hund Zeit. Erst wenn ich mehrmals über eine Stunde vergeblich im Wald gesessen habe und mein Hund immer noch nur wenige Meter um mich herum verweilt, mache ich mir Gedanken.

Einen solchen „Kleber" kann ich etwas unterstützen, indem ich zunächst in näherer Umgebung interessante Fundsachen auslege wie Futter, Spielzeug, Dummys oder Wild. Nach und nach kann ich die Fundstücke weiter weg auslegen und den Hund so animieren, sich von mir zu lösen. Dabei gebe ich aber keine Apportsignale oder Ähnliches, denn der Hund soll so nur die Sicherheit bekommen, dass er die Welt ohne mich erkunden darf und will, und keinen Arbeitsauftrag erfüllen. Denn wenn er zum Apport geschickt wird, soll er natürlich nicht plötzlich ins Stöbern wechseln. Manche Hunde werden erst im fortgeschrittenen Alter entsprechend selbstsicher.

Eine weitere Möglichkeit ist es, mit dem Hund zusammen durchzugehen und, wenn er auf Wild stößt, ihn zur Verfolgung aufzumuntern. Und ist er erst einmal auf den Geschmack gekommen, löst er sich auch vom Hundeführer.

Es gibt aber durchaus auch Hunde, die sich eben nicht als Stöberhund eignen, die lebenslang nur im direkten Umfeld ihres Hundeführers suchen und manchmal auch bei Kontakt mit Wild dieses nur sehr kurz anjagen. Und natürlich erwarte ich von einem Vorsteher keine solche Stöberleistung wie von einem Wachtel oder einer Bracke.

Ist die Übungseinheit „Stöbern" beendet, ziehe ich dem Hund Weste samt Glocke aus und unterbinde weitere eigenmächtige Ausflüge. In diesem Fall verzichte ich auch bewusst auf Lernen durch Nachahmung.

FÜR HUNDE VON NICHTJÄGERN

Es ist offensichtlich, dass man dieses Verhalten auf keinen Fall gebrauchen kann, wenn man nicht explizit einen Stöberhund für die Jagd benötigt. Dennoch ist es genau das, was unglaublich viele Nichtjäger mit ihren Hunden in Unkenntnis der fatalen Folgen tun. Sie machen die Leine los und lassen den Hund die weite Welt allein oder mit seinen Kumpels erkunden, während sie selbst in Gedanken versunken weiterlaufen oder sich in Gespräche mit anderen Hundehaltern vertiefen.

Ich könnte meinen Junghund mit einem erfahrenen Stöberer zusammen schnallen. Aber dann lernt er möglicherweise nicht, sich eigenständig Wild zu suchen, sondern dass er sich nur am Laut anderer Hunde orientieren muss. Ein Hund, der nicht solo arbeitet, sondern überwiegend hinter anderen jagenden Hunden herläuft, ist kein Gewinn für eine Bewegungsjagd. Dies kann nur als letzter Versuch dienen, einem Hund, der sich partout nicht von seinem Menschen trennen will, die Jagd zu vermitteln. Dazu sollten aber wenige Versuche ausreichend sein.

Hasenspur

Zum Üben der Hasenspur brauche ich auf jeden Fall ein entsprechend sicheres Gelände. Hasen gehen weit und zumindest Bracken, Wachtel und Teckel bleiben ihnen sehr lang auf den Fersen. Es sollten also keine großen und/oder viel befahrenen Straßen oder Schienen in der Nähe sein. Ebenso sollten die Reviergrenzen entsprechend weit weg oder der Nachbar mit einem möglicherweise stattfindenden Überjagen einverstanden sein.

Da Hasenspuren für die Hunde sehr schwierig zu arbeiten sind – sie haben nur eine sehr kurze Standzeit und schwache Witterung –, achte ich besonders beim jungen Hund darauf, dass die äußeren Rahmenbedingungen möglichst passen. Ein mildes, leicht feuchtes Wetter mit höchstens leichtem Wind ist optimal. Je heißer, trockener und windiger es ist, desto schwieriger wird es für den Hund, die Spur zu halten. Die ersten Arbeiten sollten jedoch möglichst von Erfolg gekrönt sein.

Mein Hund sollte vor der ersten Übung ausreichend alt sein. Er muss physisch fit genug sein, um zumindest als Vertreter einer Brackenrasse über mehrere Kilometer zu laufen. Und er muss psychisch reif genug sein, dass er sich einen solchen Ausflug von mir weg zutraut und auch schon weiß, wie er mich anschließend wieder finden kann. Schließlich soll mich mein Junghund am Ende nicht panisch suchen und so womöglich das tolle Erlebnis der Arbeit auf der Hasenspur mit negativen Emotionen überschreiben. Daher übe ich vor der ersten Hasenspur schon das Stöbern und die Führerfährte.

Meinen Hund kennzeichne ich trotz aller Vorsicht mit einer auffälligen Warnhalsung oder auch Warnweste. Durch die Halsung fädle ich eine dünne, gut gleitende Ablaufleine, an der ich den Hund führe.

So vorbereitet suche ich mir einen Hasen, trete ihn aus der Sasse und lasse den Hund dabei nicht zusehen. Möglicherweise brauche ich dazu einen Helfer, der den Hasen hochmacht, während ich den Hund ablenke. Jetzt gehe ich mit meinem Vierläufer einige Meter hinter der Sasse auf die Hasenspur (bei den Bra-

So gleitet die Leine sicher aus dem Halsband.

ckenleuten heißt es Hasenfährte). Denn in der Sasse ist der Geruch oft noch so intensiv, dass der Hund vor lauter Aufregung den Abgang nicht findet, die Spur zusehends schwächer wird und das Ganze in einem Misserfolg endet.

Ich bringe ihn also auf die Spur, schnuppere eventuell selbst aufgeregt und sobald der Hund sich am Boden festsaugt und die richtige Richtung einschlägt, folge ich ihm in zunehmendem Tempo. Hat er sich richtig eingedockt, lasse ich die Ablaufleine an dem Ende los, wo die Leine unterm Halsband Richtung Hunderücken läuft, so kann ihm das freie Ende nicht unangenehm auf den Kopf schlagen. Der Hund arbeitet die Spur frei. Dabei kann ich ihn auf den ersten Metern auch anfeuern.

Mit Bracken und Teckeln kann ich auch unangeleint durchs Hasenrevier spazieren und warten, bis der Hund eine alte Hasenfährte anfällt. Folgt er ihr und kann er den Hasen stechen, ist das die perfekte Belohnung für die schwierige Nasenarbeit.

Mit einem Vorstehhund übe ich im Vergleich nur sehr wenige Hasenspuren vor der Jugendprüfung. Diese Hunde gehen anlagebedingt oft ohnehin nur wenige hundert Meter hinter dem nichtsichtigen Hasen her. Sie merken also bald, dass das eigentlich Energieverschwendung ist, und lassen mit dem Elan nach. Etwas fördern kann ich den Drang zum Hasen, indem ich ihn ausnahmsweise auch mal sichtig verfolgen lasse. Bracken hingegen bleiben meist viel länger auf der Hasenspur. Sie haben gute Chancen, den Hasen erneut zu stechen, was ihren Fährtenwillen entsprechend wieder anreizt. Perfekt wäre es, den Hasen nach einer echten Brackade vor dem Hund zu erlegen.

Habe ich einen Hund, der rassebedingt eigentlich spurlaut sein sollte, sich damit aber schwertut, kann ich den Laut eventuell durch ein paar Hilfen auslösen. Der erste Tipp wäre, ihn einen Hasen sichtig arbeiten zu lassen, denn manchmal springt nach dem Sichtlaut auch der Spurlaut an.

Eine zweite Variante wäre, den Hund mit einem sicher spurlauten Hund gemeinsam zu schnallen; auch hier springt der Funke manchmal über.

Die dritte Version wäre, es über Frustration zu versuchen. Dazu bleibt der Hund an einer Feldleine, der Hase wird für ihn sichtig hochgemacht, aber hinterher geht es nur dann, wenn der Hund einen noch so leisen Laut von sich gibt. Sobald der Hund verstummt, wird angehalten. Bei manchen Hunden fällt nach einigen solcher Wiederholungen der Groschen. Und wenn alles nichts hilft und die Zeit der Anlagenprüfung vorbei ist, muss man sich mit dem Makel abfinden.

FÜR HUNDE VON NICHTJÄGERN

Auch hier gilt: Finger weg! Der Hund eines Nichtjägers sollte den Hasen lieber ignorieren. Es gibt zwar bei ungarischen Jägern den Kniff, einen Hund dadurch hasenrein zu machen, dass man ihn bis zur totalen Erschöpfung zwingt, Hasen zu jagen. Aber hierzu braucht man unverbaute Landschaft und Wildvorkommen, die so in Deutschland nicht gegeben sind. Es funktioniert nur, wenn der betroffene Hund im Gegenzug sehr intensiv an anderem Wild zum Erfolg gebracht wird. Und außerdem hat auch Wild ein Recht auf Ruhe. Es macht überhaupt keinen Sinn, etwas Vergleichbares in Deutschland zu probieren, denn genau der gegenteilige Effekt würde eintreten.

Bringfreude

So wie ich mich am Anfang über alles freue, was mein Hund mir mit seiner Nase zeigt, so freue ich mich auch über alles, was er mir bringt – und sei es noch so ekelig. Selbst wenn das angeschleppte Etwas überhaupt nichts mit Jagd zu tun hat, freue ich mich. Denn zunächst will ich in meinem Hund einen Gedanken fest verankern: Bringen ist prinzipiell gut! Deshalb nehme ich dem Hund seine Fundstücke auch nicht einfach weg, sondern biete einen guten Happen im Tausch (siehe auch „Maul öffnen“).

Ich bedanke mich für den Tausch, begutachte den Fund interessiert und gebe ihn anschließend an meinen Hund zurück. Kann ich den Fund nicht zurückgeben, weil er meinem Hund schaden könnte, dann gebe ich noch einen weiteren Happen und entsorge das Stück unauffällig.

Bringt mir mein Hund alles Mögliche gern und freudig, schränke ich die Belohnung und Bewunderung zumindest draußen zunehmend auf jagdlich relevante Dinge ein. Ich will auf Dauer nicht jede verweste Amsel der Umgebung geliefert bekommen.

Objektspiele im Haus

Parallel fördere ich die Bringfreude durch gezieltes Objektspiel im Haus. Dabei mache ich mir zunutze, dass die meisten Hunde für sie wichtige Dinge auf ihren Platz in Sicherheit bringen.

Ich setze mich mit auf oder direkt neben seinen Platz und rolle von dort ein Spielzeug weg, gleichzeitig fordere ich ihn zur Verfolgung auf. Ziemlich wahrscheinlich wird mein kleiner Hund diesem hinterherspringen, es greifen und stolz zur Decke zurücktragen. Dort lasse ich bei seiner Ankunft das Markersignal ertönen und rolle ein weiteres Spielzeug weg. Schnell entwickelt sich daraus ein spielerisches Bringen, das dann auch abseits von der Decke und später draußen funktioniert.

Carl bringt in die hingehaltene Hand.

Die Aufforderung zur Verfolgung ist insofern wichtig, da sich mein Hund ohne eine solche Erlaubnis später zurückhalten soll. Durch Rituale von Beginn an fällt es ihm leichter, diese Unterschiede zu verstehen.

Hat mein Hund Spaß an diesem Spiel entwickelt und ist bei Ankunft mit dem Spielzeug schon gierig darauf, dass ich das nächste werfe, fördere ich die Abgabe des ersten immer näher an meine hingehaltene Hand, bis er es mir bewusst in selbige drückt. Dazu strecke ich anfangs meine Hand in Richtung Hundemaul, markiere und werfe das zweite Spielzeug. Dann greife ich nicht mehr so weit, sondern warte, ob der Hund mit seiner Beute näher zu mir kommt. Tut er dies, gibt es das Markersignal und die neue Beute. Bleibt er auf Abstand, locke ich ihn und markiere den ersten Schritt in meine Richtung.

Tussi und Herrchen haben Spaß mit dem Entenschwingen-Dummy.

Dies steigere ich, bis er ganz bei mir ankommt. Sollte mein Hund seine Beute weit vor mir fallen lassen, so animiere ich ihn, sie erneut zu greifen, und markiere dies. Recht bald wird er merken, dass es nur weitergeht, wenn er die Beute im Maul behält und sich damit mir nähert. Ganz langsam werde ich immer passiver und der Hund immer aktiver bei der Übergabe des Spielzeugs, bis er es mir wie gewünscht in die Hand drückt.

Apportierspiele draußen

Mit dem Übergang ins Junghundealter so ab der 16. bis 25. Woche – je nach Rasse und Reife – gestalte ich die Apportierspiele draußen zunehmend entsprechend den jagdlichen Anforderungen. Ich lege den Hund frei oder angeleint ab, je nach Trainingsstand. Dann zeige ich ihm, dass ich ein tolles Spielzeug habe und trage dies in gerader Linie von ihm fort, sodass er sieht, wo ich es ablege. Am Startpunkt lege ich vorher noch einen Gegenstand von mir ab, damit ich die Stelle möglichst genau wiederfinde. Dann laufe ich im großen Bogen zurück, nehme den

Hund an Geschirr und Feldleine und gehe zum Startpunkt. Dort spreche ich den Hund mit Namen an. Sobald er mich anschaut, rennen wir auf mein Startsignal hin beide zum Spielzeug. Der Hund darf es greifen und wir rennen gemeinsam zurück zum Startpunkt.

Sollte der Hund dabei nicht durchgängig tragen, bin ich ihm dabei behilflich. An meinem abgelegten Gegenstand angekommen, freue ich mich und tausche das Spielzeug gegen eine Belohnung. Nach und nach bleibe ich immer weiter an der Feldleine zurück, bis der Hund nahezu eigenständig das Spielzeug aufnimmt und mir bringt. Sobald der Hund mit dem Spielzeug auf mich zuläuft, animiere ich ihn durch Klatschen, Rückwärtsgehen, mache mich klein oder drehe mich seitlich, gestalte meine Körpersprache also so, dass ich ihn zum Kommen bewege und nicht ungewollt auf Abstand halte.

Mit Dummy arbeiten

Diese Übung kombiniere ich relativ bald mit der Ausarbeitung einer Art Wildschleppe. Dazu binde ich zwei Entenschwingen um ein weiches Spielzeug und stopfe das Ganze in einen Damenstrumpf oder Rollbratennetz. Diesen Entendummy tauche ich in Wasser und lege damit Schleppen, die zunehmend außer Sicht des Hundes verlaufen. Das von dem Entendummy abtropfende Wasser trägt mehr als genug Geruchspartikel. Der Hund muss jetzt auch noch seine Nase einsetzen.

Die nächste Schwierigkeitsstufe ist es, den nassen Entendummy außer Sicht des Hundes zu werfen. Jetzt hat er ausschließlich die Tropfspur und nicht mehr meine Bodenverwundung und meine Individualwitterung als Hilfe. Bis ich davon überzeugt bin, dass mein Hund mir den Dummy sicher zuträgt, lasse ich ihn an der Feldleine arbeiten. Diese dient aber nur der Absicherung, damit er sich mit dem Dummy nicht entzieht; keinesfalls zerre ich ihn an dieser Leine zu mir.

Sobald mein Hund auf den Schleppen ohne Leine arbeiten kann, lasse ich ihn sein Spielzeug oder den Entendummy auch in einer spielerischen Freiverlorensuche finden und bringen. Dabei nutze ich zunehmend schwierigere Verstecke, erst am Boden, dann auch erhöht, hinter kleinen Hindernissen und so weiter. Je abwechslungsreicher, je besser: Apportieren und natürlich das vorherige Suchen sollen viel Spaß machen.

Das passende Dummy ist ganz leicht selbst herzustellen.

Neben dem Entendummy kann ich für Arbeiten an Land natürlich nach gleichem Prinzip auch andere Niederwilddummys herstellen. Mit Fasanen-, Tauben-, Krähen- oder Rebhuhnschwingen, mit einem Hasen-, Kanin- oder Fuchsbalg – je nachdem, welche Wildarten mein Hund später arbeiten soll.

In dieser Ausbildungsphase verwende ich keinesfalls das Hörzeichen „Apport". Denn das gezeigte Verhalten und der geübte Schwierigkeitsgrad sind weit von dem entfernt, was die Bezeichnung Apport verdienen würde. Ich arbeite zu dieser Zeit ausschließlich mit Spielzeug, nicht mit Wild und nicht mit Standarddummys. Mir reicht es zu dieser Zeit völlig, wenn der Hund mir seine Beute flüchtig in die tief hingehaltene Hand drückt oder auch nur vor die Füße wirft. Trotzdem darf der Hund bei Gelegenheit auch schon echtes Wild bewinden und tragen. Will er es allerdings im jugendlichen Überschwang bespielen, zerrupfen oder benagen, nehme ich es ihm mit einem „ah-ah" ab.

FÜR HUNDE VON NICHTJÄGERN

Hier läuft es genau umgekehrt: Man freut sich über alles, was nicht mit Wild zu tun hat ganz besonders. Und statt mit Teilen von Wild kann das Spielzeug mit anderen Gerüchen versehen werden, wie denen von Gewürzen oder Würstchenwasser.

Gewöhnung an Wasser

Egal, welcher Rasse mein künftiger Jagdbegleiter angehört, je weniger Probleme er mit dem nassen Element hat, desto besser. Anlagegemäß gibt es Rassen, bei denen eine größere Wasserpassion angewölft ist als anderen. Einen typischen Labradorwelpen kriege ich fast nur mit Zwang selbst aus Eiswasser raus, während ein typischer Brackenwelpe schon jeder sommerlich warmen Pfütze großräumig ausweicht. Entsprechend muss ich mehr oder weniger Aufwand betreiben, um meinen Hund an Wasser zu gewöhnen.

Natürlich zwinge ich keinen Hund zum Schwimmen; viele Nichtschwimmer überwinden sich zumindest im Rahmen der Jagd. Und wenn ich vorher schon weiß, dass ich einen Hund für die Wasserjagd brauche, dann schaffe ich mir eine entsprechend veranlagte Rasse an.

Von extremen Wasserphobikern wird schon Regen als Zumutung empfunden. Daher gehe ich bei jeder Wetterlage mit meinem Hund vor die Tür, unternehme spannende Dinge und lasse mir nicht anmerken, dass auch ich trockenes Wetter vielleicht bevorzuge.

Ebenfalls mithilfe des Lernens durch Nachahmung versuche ich, dem Hund das feuchte Nass von unten schmackhaft zu machen. Um jede Gefahr des Verhängens auszuschließen, darf der Hund nicht mit Geschirr oder Halsband ins Wasser. Allerhöchstens eine schon bei geringstem Widerstand aufgehende Warnhalsung ist denkbar.

An einem besonders heißen Sommertag gehe ich am besten mit anderen wasserfreudigen Hunden und meinem Welpen oder Junghund an einen Bachlauf oder an eine seichte Uferzone. Jetzt gehen alle, auch die Menschen, begeistert baden und ich warte ab, ob sich mein Welpe auch überwindet. Natürlich dürfen die anderen nicht so wasserverrückt sein, dass sie den Neuling gleich über den Haufen rennen und untertauchen.

Wenn das Vorbild nicht reicht, kann ich auch mit einem Spielzeug locken, das er aus zunehmend tieferem Wasser retten muss, oder ich lasse ihn hinter der Hetzangel laufen und lotse ihn damit zunehmend ins Wasser. Dabei darf der Kleine aber nicht plötzlich in eine Untiefe geraten, sodass das Wasser gar über ihm zusammenschlägt.

So soll es nicht sein!

Funktioniert auch das nicht, kann ich es mit Schwimmunterricht versuchen. Dazu nehme ich den Welpen auf den Arm und lasse ihn mit der Brust auf meinem Unterarm liegen. Dann gehe ich langsam ins tiefere Wasser, bis auch der Welpe in meinem Arm im Wasser liegt. Ich lasse ihn den Auftrieb im Wasser spüren und gebe ihm Sicherheit. Erst wenn er halbwegs ruhig ist, ziehe ich den Arm langsam nach unten weg. Wird mein Hund panisch, kommt sofort der stützende Arm zurück. Dies übe ich so lange, bis der Welpe waagrecht und ruhig im Wasser schwimmen mag.

In ganz schwierigen Fällen kann übergangsweise auch eine Hundeschwimmweste helfen, damit der Hund lernt, waagerecht und ohne Plantschen zu schwimmen.

So ist es ungefährlich und die Schwimmspur bleibt erhalten.

Habe ich ein sehr wasserfreudiges Exemplar, habe ich meist eine andere Baustelle. Diesen Tieren muss man klar machen, dass es nur langsam und ruhig ins Wasser geht. Ein Hechtsprung vom Ufer ins unbekannte Gewässer kann tödlich enden. Das habe ich schon bei der DLRG gelernt und es gilt für Hunde genauso wie für Menschen. Außerdem zerstört der Hund bei derart stürmischer Annahme des Wassers jede Schwimmspur von Enten – nicht wirklich hilfreich für die spätere Wasserarbeit.

Habe ich es geschafft, dass mein Hund das Wasser annimmt, kann ich auch am Wasser Apportier- und Suchspiele beginnen. Zunächst nehme ich sichtiges Spielzeug. Dann lasse ich den sichtig schwimmenden Entendummy holen. Später werfe ich den nassen Dummy ein kurzes Stück in Deckung und erzeuge so eine Tropfspur, die Ähnlichkeit mit der einer angebleiten Ente hat. Findet mein Hund solche Entendummys zügig, kann ich dazu übergehen, auch trockene Entendummys zu werfen. Alle Apportiergegenstände nehme ich dem Hund gleich am Ufer ab, bevor er es von sich aus ablegt, um sich zu schütteln.

Nach den Spielen im Wasser sorge ich dafür, dass der Hund möglichst schnell wieder trocken und warm wird. Auch im Sommer ist Schwimmen anstrengend und es ist dem Hund im Schatten oder Wind schnell kalt. Also lasse ich den Hund sich trocken wälzen und laufen oder rubble ihn mit einem Handtuch ab. Im Winter stecke ich ihn sogar in einen Hundemantel, wenn er friert. Ich brauche weder eine Blasenentzündung noch Muskelkrämpfe oder ein Nierenversagen bei meinem Hund.

Wer einen harten Wasserapporteur auch für die Winterjagd braucht, der sollte sich eine Rasse mit entsprechender Fellstruktur zulegen, wie Retriever oder auch einen Deutsch Drahthaar, der nicht zu knapp im Fell ist. Solche Hunde sollten natürlich dann auch überwiegend draußen bzw. in der ungeheizten Stube gehalten werden. Einen vor allem in der geheizten Wohnung lebenden Hund mit knappem Fell nach so einer Jagd nass frieren zu lassen, ist jedenfalls fahrlässig.

FÜR HUNDE VON NICHTJÄGERN

Die Gewöhnung läuft identisch ab, nur kommt natürlich kein Wild zum Einsatz.

Gewöhnung an Dornen

Bei der Gewöhnung an Dornen und Brennnesseln gehe ich identisch vor wie bei der Gewöhnung an Wasser. Zunächst nutze ich Vorbilder und gehe selbst völlig selbstverständlich durch das Stachelzeug. Ich habe dort betont Spaß und finde spannende Dinge wie frische Decken vom Wild, mit denen ich Zerrspiele anbiete. Kann mein Hund sich gut überwinden, solche eher unangenehmen Gegenden zu betreten, führe ich dort immer wieder auch Apportierspiele durch.

Patch bringt durch Brombeeren und Brennnesseln. Der Griff könnte voller sein, das wird als weiteres Kriterium später hinzugefügt. Hier ging es zunächst nur um das Meistern von unangenehmem Gelände!

FÜR HUNDE VON NICHTJÄGERN

Eine Gewöhnung an Dornen ist nur für angehende Rettungs- oder andere Diensthunde von Interesse. Der reine Familienhund sollte sich nicht in dornenreichen Dickungen aufhalten, sind diese doch ein Rückzugsort von Wild.

Vorstehen

Am besten fördere ich die Anlage des Vorstehens, indem ich meinen jungen Hund an wilde Vorkommen von Niederwild bringe. Leider sind solche Reviere in Deutschland mittlerweile Mangelware. Unabhängig vom mir zur Verfügung stehenden Wildbestand nutze ich zur Förderung von Vorstehen und Nachziehen die Reizangel.

Eine Reizangel ist baugleich zur Hetzangel und unterscheidet sich nur darin, dass hier statt Teilen von Schalen- oder Raubwild eben etwas vom Niederwild angehängt ist wie etwa ein Hasenbalg, eine Entenschwinge oder Ähnliches und die verwendete Schnur deutlich dünner ausfällt.

Nun gehe ich mit meinem Hund raus, lege die Angel gegen den Wind in leichter Deckung aus und schleiche mich gemeinsam mit ihm gespannt an, und zwar so, dass ich die Angel bei Bedarf sofort ergreifen kann. Habe ich einen erwachsenen Hund, der immer noch an der Reizangel vorsteht, dann kann ich auch diesen als Vorbild nehmen.

Steht der Hund gespannt, lobe ich ihn ruhig und nehme sachte den Stecken auf. Ganz vorsichtig und langsam bewege ich die Beute vorwärts, schleiche mit meinem Hund nach und übe so schon das Nachziehen. Springt mein Hund hingegen übereifrig ein, ziehe ich die Beute nach oben aus seiner Reichweite. Nur wenn er sich selbst beherrscht, gebe ich ihn mittels Markersignal und Hatzer-

Einem Vorstehhund liegt das Vorstehen in der Regel – wie der Name schon sagt – im Blut.

laubnis frei, lasse die Beute vor ihm am Boden schnell im Zickzack fliehen und er darf sie packen.

Nach und nach verlängere ich die Dauer des Stehens und die Sequenzen des Nachziehens. Gleichzeitig die Angel zu bedienen und schleichend als Vorbild für den Hund zu agieren, bedarf einiger Geschicklichkeit. Im Zweifel suche ich mir einen Helfer, der auf Anweisung die Angel bewegt.

Verzögert mein Hund nur kurz, um dann gleich einzuspringen, kann ich ihn an der Feldleine vorsichtig ausbremsen. Dazu nehme ich die Leine so,

Csillag wird abgetragen.

ABTRAGEN

Abtragen im klassischen Sinne bedeutet tatsächlich, den Hund hochzuheben. Dazu schiebe ich meine Arme unter seine Brust und seinen Bauch, um ihn unter lobendem Zuspruch ein Stück wegzutragen. Bei kapitalen Rüden ist das ein echter Kraftakt, der durchaus die Bandscheiben des Hundeführers gefährden kann. Hier bietet sich die Variante an, den Hund nur unter der Brust zu greifen und ihn auf der Hinterhand stehend vom Wild wegzudrehen. Ziel war es dabei schon immer, den Hund aus seiner Spannung zu holen und ihm einen positiven Abschluss seiner Arbeit zu bieten. Doch, wie erwähnt, empfinden es die meisten Hunde unangenehm, während der Arbeit körperlich berührt zu werden. Will ich also das echte Abtragen verwenden, so bemühe ich mich, diesen an sich unangenehmen Zustand vor der Anwendung beim Vorstehen schon klassisch mit besonders guten Belohnungen zu verknüpfen. Ich umfasse also den Hund, markiere, lasse mangels eines dritten Arms von einem Helfer belohnen und gebe den Hund als zweite Belohnung wieder frei. Robustere Hundetypen dulden danach das Abtragen meistens unbeeindruckt, besonders dann, wenn nach dem Abtragen eine weitere, hoch selbstbelohnende Sequenz des Vorstehens folgt. Für die übrigen empfehle ich, statt des klassischen Abtragens das weiter oben beschriebene entspannende „woah“ mit dem Griff vor die Brust, um den Hund ansprechbar zu bekommen, damit man ihn anschließend vom Wild wegführen kann.

Basko wird mit „woah" aus dem Vorstehen geholt.

dass sie nur ganz leicht durchhängt. Verzögert mein Hund, bringe ich die Leine sachte auf Spannung und den Hund so zum Stehen. Dies kommentiere ich mit einem ruhigen, lang gezogenen „Steeeeh". Dann arbeite ich mich langsam an der Leine vor und trage den Hund unter Lob ab.

Im fortgeschrittenen Stadium, wenn mein Hund auch das „ah-ah" schon kennt, nehme ich dieses, um fehlerhaftes Einspringen zu quittieren. Sich drückendes Niederwild gehört grundsätzlich mir. Nur wenn mein Hund es mir anzeigt und ich ihn zur Hatz schicke, darf er es auch verfolgen.

Leider ist diese Übung etwas unlogisch, denn schließlich gilt das Beschriebene eigentlich nur für gesundes Niederwild. Krankes soll der Hund verfolgen, eventuell abtun und mir bringen. Das, was ich an die Angel hänge, riecht aber mindestens krank, eher tot. Es gibt Hunde, die an diesen Dingen partout nicht ans Stehen zu bringen sind. Das nehme ich so hin, streiche die Übung und sehe mich noch mehr gezwungen, ein Revier mit natürlichem Besatz zu finden, damit ich meinen Hund wenigstens über die Prüfungen bringen kann.

Weitere Vorstehübungen kann ich an ausgesetztem Wild oder am Taubenwerfer durchführen, wenn ich keine natürlichen Vorkommen habe, aber auch hier gibt es Hunde, die solchem nie vorstehen und es immer als krank ansehen und greifen wollen. Das kann ich über sehr viel Übung und mit Fingerspitzengefühl eventuell dennoch antrainieren. Aber ohne echte Jagdmöglichkeit an Niederwild wird aus meinem Hund nie ein wirklich firmer Feldhund; doch den brauche ich unter den Umständen wohl auch nicht.

Steht der Hund entfernt von mir vor, wie es sich später in der Suche ergibt, dann muss ich aufpassen, wie ich mich ihm annähere: nicht zu schnell, damit ich ihn nicht zum Einspringen verleite, aber auch nicht zu langsam, damit er nicht die Nerven verliert. Außerdem sollte ich mich schräg von der Seite und nicht direkt von hinten nähern, denn dann schiebe ich den Hund meist ebenfalls zum Einspringen an. Während ich mich nähere, kann ich den Hund in seiner Spannung mit einem ruhigen, gezogenen „Steeeeeh" unterstützen. Bin ich neben dem Hund angekommen, trage ich ihn ruhig mit der von mir gewählten Art ab.

FÜR HUNDE VON NICHTJÄGERN

Auch mit einfachen Stofffetzen oder Spielzeug an einer Angel kann man das Verharren, die Impulskontrolle und die Hatz nur auf Freigabe trainieren. Das klappt sogar mit Hunden, die keiner Vorsteherrasse angehören (sogar so gut, dass es Richter gibt, die überzeugend verharrende Foxterrier oder Retriever eine VGP bestehen lassen) und ist auf jeden Fall sinnvoll.
Bleibt die Frage, ob Nichtjäger mit Vorstehhunden auch an Wild üben sollten oder nicht.
Dagegen spricht: Hunde, die sich nicht in der Ausbildung zum Jagdgebrauchshund oder als solcher im Einsatz befinden, haben kein Recht, Wild unnötig zu beunruhigen. Da man auch andere Rassen ohne Vorstehtraining vom Wildern abhalten kann, ist es offensichtlich nicht zwingend notwendig.
Dafür spricht: Ein Hund, der sicher vor- und durchsteht und der bei abstreichendem oder abspringendem Wild sicher hält, ist auf jeden Fall stressfreier von seinem Menschen zu führen. Auch für das betroffene Wild ist er eine geringere Belastung als ein Hund, der hetzt oder greift. Auf jeden Fall sollte man sich die Zustimmung des Jagdausübungsberechtigten einholen, wenn man diesen Weg mit seinem Hund gehen will.

Clara steht vor.

Der Hundeführer nähert sich langsam von schräg hinten,

... nimmt sachte Körperkontakt auf ...

... und arbeitet sich nach vorne vor.

Anleinen als Alternative zum Tragen, Ausheben oder Hand-auf-die-Brust-legen.

Clara wird mit dem Körper vom Wild weggedreht.

Quersuche

Auch die Anlage zur Quersuche ist bei den Vorsteherrassen angewölft. Trotzdem kann ich auch hier die Entwicklung unterstützen, indem ich gegen den Wind mit meinem Hund Felder und Wiesen im Zickzack absuche. Dabei animiere ich den Hund dort, wo es möglich ist, immer bis zum Rand zu laufen und erst dort zu wenden. Jedes Erreichen des Randes wird markiert, der Hund wendet dann vermutlich schon automatisch zu mir, um seine Belohnung zu kassieren Außerdem achte ich darauf, dass der Hund immer vor mir bleibt und nie hinter mir kreuzt.

Ich muss ziemlich fit sein, um mich immer im passenden Tempo an der richtigen Stelle im Acker zu befinden. Ist mein Hund noch zu wild und verspielt und rennt lieber in großen Kreisen über den Acker, sichere ich ihn durch eine lange Feldleine oder verschiebe das Training um ein paar Wochen.

Gana wird vom Hundeführer nach links geschickt ...

... und sucht im vollen Galopp.

Habe ich kein Niederwild in meinem Übungsrevier, so kann ich zur Abwechslung die schon erwähnten Wilddummys überwiegend an den Rändern auslegen und sie mir vom Hund nach einem Fund bringen lassen. Auch kann ich Übungswild entsprechend zum Vorstehen platzieren. Nur gelegentlich deponiere ich auch in der Feldmitte etwas, denn der Hund soll sich zwar angewöhnen, bis zum Rand zu laufen, aber im mittleren Teil natürlich trotzdem aufmerksam bleiben. Ziel ist schließlich nicht das Ablaufen eines Feldes, sondern das Absuchen.

Eine weitere Möglichkeit, die Quersuche zu trainieren, ist über eine legere Form des Einweisens. Dazu übe ich zunächst das Anlaufen und Berühren eines Targets wie unter „Einweisen“ bei „Apport“ beschrieben. Allerdings nutze ich eine andere, weniger deutliche Körpersprache, die der entspricht, wenn ich mit Flinte und Hund zur Suche übers Feld laufe. Ich drehe mich also in die Richtung,

Auf Signal dreht sie nach rechts ...

... und kommt an der Wachtel im Käfig zum Stehen.

Indira hat am Target gewendet.

die der Hund einschlagen soll, und halte die Waffe oder meine Hände an einer imaginären Waffe in diese Richtung. Ein passendes Hörzeichen wäre „Voran“ (= laufe in die von mir angegebene Richtung).

Klappt dies nach links und rechts, stelle ich meine Targets jeweils versetzt am Feldrand auf und begebe mich mit dem Hund in die Feldmitte. Nun schicke ich ihn zum ersten Target. Ist er dort angekommen folgt mein Markersignal und die Belohnung kann er sich wieder bei mir abholen. Nun schicke ich ihn auf die andere Feldseite zum nächsten Target. Klappt es mit gut sichtbaren Targets, bringe ich diese zunehmend in Deckung, sodass der Hund sie erst sieht, wenn er schon ein gutes Stück in die richtige Richtung gelaufen ist. Zum guten Schluss soll der Hund auch ohne Targets bis zum Feldrand durchlaufen. Dieser Ansatz ist besonders geeignet für Hunde, die sich nicht ausreichend weit vom Hundeführer lösen.

FÜR HUNDE VON NICHTJÄGERN

Es reicht, wenn diese Hunde im Rahmen des Apportiertrainings lernen, sich von ihrem Hundeführer über entsprechende Gebiete lenken zu lassen, denn dann haben sie eine konkrete Suchaufgabe und kommen weniger in Versuchung, sich auf Wildwitterung zu konzentrieren.

Bauarbeit

Besitze ich ein Exemplar einer Bauhundrasse und möchte es auch entsprechend einsetzen, so kann ich schon den Welpen an die Arbeit unter Tage gewöhnen. Dazu biete ich Spiele an, bei denen er unter Decken durchkriecht, spiele mit ihm am und im Agilitytunnel und Sacktunnel, nutze an Baustellen, soweit ungefährlich möglich, noch offen liegende Betonröhren oder bastle mir gar einen Kunstbau als Spielplatz in meinen Garten. Und wie schon bei anderen Übungen kann ich viel über Lernen durch Nachahmen erreichen. Ein erwachsener Spielkumpel, der selbstverständlich in jedem dunklen Loch verschwindet, ist genau der richtige für meinen angehenden Bauhund.

Dieser junge Deutsche Jagdterrier ...

... wird magisch von dunklen Löchern angezogen.

FÜR HUNDE VON NICHTJÄGERN

Es besteht auch hier kein Bedarf, dass diese Hunde in irgendwelche Bauten einschliefen. Dieses Verhalten ist zudem nicht ungefährlich. Der Hund kann in manchen Gegenden kilometerweit in Abwasserrohren verschwinden, dort festklemmen und einer Bergung mit Bagger bedürfen. Aus manchem Felsbau kommen die Hunde nicht raus und können auch nicht ausgegraben werden. Füchse können Krankheiten wie Räude übertragen und Dachse können tödliche Gegner sein. Als Nichtjäger sollte man daher seinem Hund jedwedes Einschliefen untersagen; dies kann auf verschiedenen Arten geschehen.

Ich kann mir Bauteneingänge anzeigen lassen und dann fürstlich davon weg belohnen. Ich kann Baueingänge tabuisieren, also mit einer Grenze belegen. Dabei muss ich aber bedenken, dass dies zumindest anfangs nur funktioniert, wenn ich anwesend bin. Erst nach viel Training wird mein Hund dieses Tabu auf alle Bauten generalisieren. Schlieft er vorher ein und hat unter Tage seinen Spaß, wird er immer nach Möglichkeiten suchen, erneut in einem Loch zu verschwinden. Als letzte Option bleibt, schon früh im Hundeleben einen Baueingang so zu präparieren, dass der Hund bereits beim ersten Versuch ein dauerhaftes Meiden lernt. Die Risiken dieses Weges habe ich im Bereich Lernverhalten schon beschrieben. Jeder muss sie für sich abwägen.

Der Jagdgebrauchshund im Revier

Der Übergang von der Grundausbildung für den Alltag und der Anlagenförderung hin zum speziellen Training für den späteren jagdlichen Einsatz erfolgt fließend und richtet sich jeweils nach dem aktuellen Entwicklungs- und Trainingsstand meines Vierläufers in den einzelnen Fächern. Wie schon bei der Anlagenförderung lege ich meine Arbeitsschwerpunkte dabei entsprechend meinen persönlichen jagdpraktischen und rassetypischen sowie prüfungsrelevanten Anforderungen.

Die Arbeitsschwerpunkte sollten auf die rassetypischen Eigenschaften abgestimmt werden.

Zwingergewöhnung

Ich hatte schon erwähnt, dass der passionierte Wasserwildjäger des Winters seinen Hund aus gesundheitlichen Gründen vorwiegend im Zwinger und ungeheizten Räumen halten sollte. Aber auch für alle anderen Jagdhunde kommt ein zeitweiliger Aufenthalt im Zwinger mit Freilauf infrage.

Natürlich müssen in allen Fällen isolierte Hütten und vor Witterung geschützte Liegeflächen vorhanden sein. Und den gar kurz behaarten Wohnungshund lasse ich im Winter natürlich nur bei passender Witterung für eine kurze Zeitspanne raus oder schütze ihn mit einem Mantel. Jedenfalls hätte er nur wenig von der frischen Luft, wenn er die ganze Zeit in der isolierten Hütte hocken bleibt.

Der Vorteil eines Zwingers und/oder Freilaufs ist, dass der Hund hier weitestgehend tun und lassen kann, was er will. Alles dort ist auf ihn ausgelegt. Er darf damit spielen und es beknabbern. Er kann sich lösen, fleischige Knochen oder Pansen futtern. Er darf wild herumspringen, buddeln, sich nass regnen lassen oder in der Sonne brutzeln. In der Wohnung ist doch vieles mit Verboten belegt oder schlicht unmöglich.

Da Hunde hochsoziale Lebewesen sind, kommt für mich die reine Zwingerhaltung eines Einzelhundes nicht infrage oder nur unter der Maßgabe, dass er dort die Nacht verbringt und mich den Rest des Tages begleitet. Und natürlich sperre ich schon gar keine Welpen allein in einen Zwinger.

Die Zwingergewöhnung erfolgt schrittweise, so wie das Training des Alleinseins. Parallel mache ich den Zwinger zu einem angenehmen Aufenthaltsort für meinen Hund. Dort gibt es Fressen, dort wird gespielt, dort wird geschmust, dort halte auch ich mich öfter auf. So wird der Zwinger ein weiterer Raum des Hauses, kein Knast zum Wegsperren.

Verhalten im Revier

Mein Jagdhund begleitet mich bei eigentlich allen Tätigkeiten rund um die Jagd. So verbringen wir viel Zeit miteinander. Das Gelernte wird regelmäßig abgefragt, der „Gehorsam“ wird verfestigt. Außerdem brauche ich die hier vorgestellten Verhaltensweisen, damit mein Hund ein angenehmer und problemloser Helfer beim Beutemachen wird.

Sitz

Die Übung „Sitz“ habe ich in dieses Kapitel eingebaut, weil ich das Verhalten im Alltag nicht zwingend benötige. Da reicht es völlig, wenn ich den Hund an Ort und Stelle parken kann; welche Haltung er dabei einnimmt, ist für mich nebensächlich. Doch im Rahmen der Jagd kann das Sitz nötig sein. So sehen einige Prüfungsordnungen vor, dass sich der angeleinte oder frei folgende Hund setzt, sobald der Hundeführer verharrt. Und auch beim Apport wird bei kontinentalen Prüfungen eine Übergabe der Beute im Vorsitz gewünscht.

Sitz lernt jeder gesunde Hund sehr schnell, ist es doch die Haltung, die er oft beim Säugen unter der Mutterhündin eingenommen hat und die so sehr früh und konstant belohnt wurde. Natürlich kann ich Sitz frei shapen, aber mit kurzem Locken ist es auch möglich. Dazu nehme ich ein Leckerchen in die Hand, lasse den Hund kurz schnüffeln und bewege sie dann nach oben und etwas hinter

Der nach oben gestreckte Zeigefinger ist das übliche Sichtzeichen für Sitz.

den Hund. Will er mit der Nase folgen, senkt er meist schon sein Hinterteil ab. Ein paar Mal markiere und belohne ich diesen Ansatz, dann warte ich auf das komplette Absitzen, um dieses zu bestärken.

Ab jetzt lasse ich die Handbewegung erst mal wieder weg, auch wenn das spätere Sichtzeichen ziemlich ähnlich aussehen wird. Denn nun möchte ich noch die Geschwindigkeit des Hinsetzens verbessern, vielleicht auch die Art des Sitzens, je nach meinem Anspruch. Mir persönlich ist es aber beim Jagdgebrauchshund egal, ob er ordentlich auf beiden Keulen hockt oder seinen Po gemütlich zur Seite rutschen lässt. Wie schon zuvor erläutert, muss jeder das gewünschte Endverhalten seinen Anforderungen entsprechend beschreiben und dann operationalisieren.

Sieht das Sitz meines Hundes so aus, wie ich mir das vorstelle, dann führe ich die zugehörigen Signale ein; als erstes das Sichtzeichen, bei mir die geschlossene Hand mit nach oben gestrecktem Zeigefinger, die ich vor meiner Brust nach oben bewege. Später schalte ich das Hörzeichen Sitz davor. Natürlich kann ich auch viel unauffälligere Signale nutzen wie ein leises „itzzz" durch die Zähne oder nur eine Bewegung des Zeigefingers.

Ich übe Sitz mit dem Hund in Front und neben mir. Soll mein Hund auch auf Distanz das Signal Sitz umsetzen, dann muss ich auch mit zunehmender Distanz üben. Kommt mir der Hund dabei immer erst entgegen, binde ich ihn vorübergehend an und verhindere so das Kommen. Frage ich Sitz immer ab, wenn ich bei der Leinenführigkeit oder Freifolge stehen bleibe, wird der Hund schon dies als Signal für das kommende Zeichen für Sitz werten und das Verhalten zunehmend vorwegnehmen.

Pirschen

Wenn ich mit meinem Hund im Revier pirsche, soll er mir dicht am linken Knie (Linksschützen nehmen das rechte Knie) oder hinter mir folgen, je nach Gelände. Dabei soll die Leine immer durchhängen. Bei Hindernissen muss sich der Hund dem von mir gewählten Weg anpassen. Wenn ich stehen bleibe, soll er auch stehen bleiben.

Die Vorübung war die ganz normale Leinenführigkeit. Mein Hund weiß bereits, dass es mit Zug am Halsband niemals vorwärtsgeht, er hat auch schon das leise „sst“ als Hinweis zur Eigenkorrektur begriffen. In ablenkungsarmer Umgebung läuft er bereits gute 100 Meter (zum Beispiel durch das Training über „300 peck pigeons“), ohne einmal die Leine in Spannung zu bringen.

Wie bei der Leinenführigkeit so ist auch beim Pirschen – was ohnehin nur eine Sonderform von ersterer ist – meine Körpersprache schon ein Signal für den Hund: aufrecht, gerade, mit einer gewissen Spannung, welche sich spätestens beim echten Pirschen hinter Wild ganz von allein ergibt. Der Blick ist auf mein Ziel gerichtet. Nur drossle ich beim Pirschen deutlich das Tempo. Jetzt wird es nicht mehr dem Hund, sondern der Umgebung und meinem Vorhaben angepasst – Leinenführigkeit für Fortgeschrittene!

Zunächst vermindere und beschleunige ich das Lauftempo langsam und belohne den Hund, wenn er weiterhin mit hängender Leine folgt. Klappt dies, laufe ich immer näher an Hindernissen vorbei und belohne auch hier, wenn er auf der richtigen Seite mitgeht. Verheddert er sich, bleibe ich stehen und warte auf seine Eigenkorrektur, die ich dann lobe, um gleich einen neuen Versuch zu wagen. Außerdem steigere ich die Ablenkungen, auf die wir zu- oder an denen wir vorbeigehen. Bei einem sehr führigen Hund und konsequentem Training von Welpenbeinen an wird mehr kaum nötig sein.

Aber es gibt auch unter den Hunden Freigeister oder solche, die über Jahre ein anderes Verhalten zeigen durften, die meinen Führungsanspruch nicht so einfach annehmen, mich bei Ablenkungen schlicht vergessen und ständig Spannung auf die Leine bringen, weil sie einfach andere Interessen haben. Hier arbeite ich dann mit speziellen Leinensignalen.

Ich nutze absichtlich nicht den Rufnamen, denn ich will möglichst bald lautlos pirschen. Den Hund auszuwar-

Die Leine wird nur mit zwei Fingern gehalten.

ten, bewährt sich bei Ablenkungen aus dem jagdlichen Umfeld selten. Das Beobachten von Wild, mit welchem Sinn auch immer, ist regulär selbstbelohnend. Der Hund hat also wenig Grund, sein Verhalten in ähnlichen Situationen zu ändern. Daher bringe ich mich durch ein taktiles Signal wieder in seinen Fokus. Dies kann durch ein direktes Antippen mit dem Finger auf seiner Haut oder durch ein mittels Leine übertragenes Signal passieren.

Dieser Leinen-Zupf soll den Hund später geräuschlos wieder auf mich konzentrieren, er soll ein positives „bindendes Signal" werden, keine Strafe. Daher verknüpfe ich ihn zunächst ohne Ablenkung, indem ich die Leine mit nur zwei Fingern halte, sachte zupfe, direkt im Anschluss den Hund mit seinem Namen anspreche und seine Orientierung zu mir markiere und belohne.

Morten hat sein Herrchen vergessen.

Nach dem Leinensignal nimmt er wieder freudig Kontakt auf.

Sobald der Hund sich nach dem Zupf sicher zu mir umdreht, entferne ich mich noch ein paar Schritte und lasse ihn folgen, bevor ich belohne. Dies verstärkt die Orientierung in meiner Nähe. Erst wenn dieses Signal ohne Ablenkung vom Hund gut umgesetzt wird, nutze ich es auch beim immer wieder ziehenden Hund. Idealerweise zupfe ich, bevor sich die Leine spannt, natürlich immer nur mit zwei Fingern. Ist es dafür zu spät, muss ich dem Zug kurz nachgeben, um meinen kleinen Impuls anschließend setzen zu können.

Auch hier kann ich anfangs vorübergehend den Namen zur Unterstützung mit einbauen. Nach dem Zupf ändere ich meine Bewegungsrichtung. Wenn mein Hund sich nach einem Zupf wieder an mir orientiert, bekommt er ein verbales Lob, Höherwertige Belohnungen behalte ich mir für den korrekten Anschluss ohne vorherigen Zug auf der Leine vor.

Bleibe ich stehen, soll der Hund ebenfalls in meiner unmittelbaren Nähe stehen bleiben. Bringt er Span-

HINWEIS

Der verwendete Zupf hat nichts mit einem klassischen Leinenruck zu tun. Er soll kein Meiden hervorrufen und er soll nicht wehtun. Vielmehr soll er aufmerksam machen, so wie ein Antippen. Bei manchen Hunden reicht es, wenn der Zupf so leicht ist, dass gerade einmal die Hundemarke klimpert. Je nach Grad der Ablenkung wird er aber schon mal fester ausfallen, aber dennoch nur so, dass er eben zum Hund durchdringt. Man beobachte dabei die Körpersprache des Hundes. Es ist okay, wenn er anfangs etwas irritiert ist, vielleicht auch überrascht kurz etwas beschwichtigt, aber keinesfalls soll er Angst oder Panik zeigen, denn dann sind die Zupfs definitiv viel zu stark oder ich bin nicht wie gewünscht emotionslos.

Wer absolut sicher gehen will, nicht zu stark einzuwirken, der übt dies zunächst mit dem am Geschirr angeleinten Hund.

nung auf die Leine, gibt es wieder den Zupf verbunden mit einer Ortsveränderung meinerseits. Vermute ich, dass der Hund trotz durchhängender Leine geistig nicht mehr ausreichend bei mir ist, weil er irgendwas Ablenkendes fasziniert betrachtet, so wechsle ich die Richtung. Folgt er an hängender Leine, gibt es ein Lob. Folgt er nicht, bekommt er ein Leinensignal.

Ähnlich kann ich ihn im Stehen austesten. Ich bewege mich an der lockeren Leine zwei kleine Schritte rückwärts und warte zwei Sekunden. Ist der Hund mir bis dann nicht gefolgt, zupfe ich an der Leine und entferne mich von der Ablenkung.

Wenn der Hund wie gewünscht an der Leine läuft, nehme ich gelegentlich Kontakt auf (oder markiere). Ich beende die Übung, indem ich den Hund anspreche, die Leine auf das Geschirr umschnalle oder ihn in den Freilauf entlasse.

Nach und nach suche ich gezielt immer stärkere Verleitungen auf, bis der Hund in jeder Situation bei mir an der lockeren Leine bleibt, ohne dass ich auf ihn einwirken muss. Jetzt kann ich mir die Leine auch in Jägerschnallung umhängen. Sollte der Hund sich bzw. mich ausnahmsweise mal vergessen, wird ein leichtes Zupfen reichen, ihn zu erinnern.

In ganz hartnäckigen Fällen hat sich das Führen über Grenzen bewährt. Hier kommentiere ich jedes Vorprellen mit dem schon bekannten „ah-ah“. So tabuisiere ich den Raum vor mir. Reicht mein Hinweis auf die Grenze allein nicht aus, wende ich mich frontal gegen den immer wieder vorprellenden Hund und bringe ihn mit meiner Körpersprache nach hinten auf Abstand. Dabei verwende ich die gespreizte, gegen den Hund gerichtete Hand als Sichtzeichen „Stopp – Grenze!“.

Emma ist schon hier aufmerksam.

Sie bremst sich direkt aufgrund des Handzeichens.

So kann ich den Hund später ausbremsen, indem ich ihm kurz meine linke, gespreizte Hand vors Gesicht halte. Je nach Hund führe ich das Ganze eher sachte und langsam oder zackig und schnell aus.

Möchte ich, dass sich mein Hund bei einem Stopp setzt, gebe ich entsprechend das Zeichen für Sitz. Handhabe ich dies jedes Mal so, wird der Hund sich bald auch ohne Zeichen setzen.

Daher nimmt die Hundeführerin ihren Körperschwerpunkt gleich deutlich zurück.

Hier demonstriert sie die Körpersprache für einen „härteren" Stopp. Emma bleibt gelassen, denn sie vertraut ihrem Frauchen.

FÜR HUNDE VON NICHTJÄGERN

Die Übung des Pirschens kann zur Verbesserung der Leinenführigkeit benutzt werden. Ein spannender Ort zum Ersatzpirschen sind übrigens Zoologische Gärten, in denen Besucherhunde erlaubt sind.

Freifolge

Habe ich die Leinenführigkeit und das Pirschen intensiv erarbeitet, stellt die Freifolge kein wirkliches Problem mehr dar. Ich behalte alles wie gehabt bei, nur dass ich dem Hund die Halsung abnehme. Natürlich kann ich jetzt nicht mehr zur Korrektur zupfen, aber immer noch das „sst" oder das „ah-ah" artikulieren oder die gespreizte Hand verwenden.

Down

Neben dem schon beschriebenen Kommen auf Pfiff ist das sichere Stoppen auch aus schneller Bewegung das zweite wichtige Standbein, um einen Hund mit extrem hoher Jagdmotivation frei im Revier führen zu können. Das sichere Stoppen ist mein Hauptkriterium. Theoretisch könnte der Hund dann auch stehen oder Kopfstand machen. Mein Trainingsziel ist das Ablegen, wobei es mir egal ist, ob der Hund den Kopf dabei hoch hält oder auf den Boden legt. Ebenso unwichtig ist mir die Haltung von Pfoten und Körper.

Nach diesem Aufbau ist es sowieso kein dem klassischen Down vergleichbares Strafkommando. Ich brauche das alles nicht. Ich brauche nur einen Hund, der auf Ruf oder Trillerpfiff sicher stoppt und möglichst zu Boden geht. Den liegenden Hund bevorzuge ich, weil es sich aus dem Liegen schwieriger weiterläuft als aus dem Sitzen oder Stehen.

Das Down kann ich wie alles frei shapen oder durch ein Locken entwickeln. Ich führe hier die Arbeit vom Ablegen weiter, indem der Hund sich auf das Sichtzeichen „flache Hand wird zum Boden bewegt" auf seine Decke bzw. meine Jacke legt. Dies frage ich nun ohne Jacke ab und markiere schon den ersten zögerlichen Versuch, sich hinzulegen, als richtig. Ich arbeite mit der Hilfe weiter, bis der Hund ganz liegt. Dann schleiche ich das Sichtzeichen aus, bis der Hund sich in der Übungseinheit ohne Hilfe ablegt. Nun feile ich an der Ausführungsgeschwindigkeit.

Tut der Hund sich dabei sehr schwer, kann ich erneut mit Locken arbeiten. Dazu führe ich die flache Hand mit einem vom Daumen eingeklemmten Leckerchen blitzartig vor der Hundeschnauze zum Boden und sacke dabei selbst wie abgeschossen nach unten (Achtung, man wärme seine Muskulatur vorher auf!). Sobald der Hund liegt, füttere ich am Boden zwischen seinen Vorderläufen.

Nach einigen Wiederholungen wird der Hund das Spiel begreifen und sich immer schneller ablegen. Ich kann die Hilfe wieder ausschleichen. Statt Futter kann ich auch ein sehr begehrtes Spielzeug nehmen und aus einem wilden Spiel plötzlich stoppen und runtersacken.

Sobald sich mein Hund in allen möglichen und unmöglichen Situationen begeistert auf den Boden wirft, damit ich ihn belohne, ist die Zeit für die Einführung des Sichtzeichens gekommen. Bei mir ist das der nach vorne oben gestreckte, rechte Arm mit nach vorne weisender, deutlich gespreizter Handfläche – ein Zeichen, das auch jedem Menschen Stopp signalisiert, zudem kennt es mein Hund ebenfalls vom „Grenzen setzen".

Diese Laika bleibt im Down, auch wenn die Hetzangel an ihr vorbeisaust.

Sackt der Hund aus dem Stand zügig zusammen, sobald ich das Zeichen gebe, fange ich an, das Verhalten unter immer höherer Ablenkung zu üben, genau wie beim Doppelpfiff. So lege ich den Hund auf meiner Jacke ab, gehe einige Schritte von ihm weg und werfe ein Spielzeug hinter mich. Durch die Übung von Ablegen, Impulskontrolle und Grenzen akzeptieren sollte dieser Schritt funktionieren.

Jetzt gebe ich den Hund frei, sich das Spielzeug zu holen. Ist er kurz vor mir, gebe ich das Zeichen für Down. Sobald er liegt, folgen Markersignal und erneute Freigabe zum Spielzeug. Will er ohne Down an mir vorbei, entfernt eine Hilfsperson die Beute oder ich stoppe ihn an einer vorher am Geschirr eingeklinkten Schleppleine. Reagiert mein Hund verlässlich und schnell auf mein Signal, kann ich auf die Hilfsperson bzw. Schleppleine verzichten.

Sollte er nun doch noch einmal versuchen durchzubrechen, stoppe ich ihn mittels „ah-ah". Im nächsten Versuch wird mein Down-Signal dann körpersprachlich etwas klarer ausfallen. Ich bringe meinen Schwerpunkt deutlicher Richtung Hund. Das ist natürlich keine reine Clickerlehre mehr, aber allemal gewaltfrei. Vielfach reicht diese kleine Korrektur, dass der Hund weitere Versuche, mich zu überlaufen, unterlässt. Jetzt feile ich erst mal wieder an der Geschwindigkeit des Ablegens.

Im nächsten Schritt stoppe ich den Hund in immer größerer Entfernung zu mir und aus immer höherer Laufgeschwindigkeit. Sollte er damit anfangen, das Down vorwegzunehmen, also nur noch zögerlich laufen, sich schon selbst hinlegen, dann lasse ich ihn öfter ohne Stopp zum Ball durchlaufen.

Klappt dies alles wie gewünscht, führe ich den Trillerpfiff ein und übe fleißig weiter. Reicht der Trillerpfiff allein fürs Down, lasse ich den Hund wieder bis zu mir durchlaufen und pfeife, wenn er einen Meter hinter mir ist.

Die Übungssituation hat sich nun deutlich verändert, ich habe vorsichtshalber noch mal eine Hilfsperson oder Schleppleine dabei, versuche aber meinen Hund – sollte er nicht abstoppen – mittels „ah-ah" zu bremsen. Klappt mein Hund blitzartig auf einen Pfiff kurz hinter mir zusammen, lasse ich ihn immer näher an den Ball laufen, bevor ich das Signal gebe.

Ich variiere die Übung mit verschiedenen Spielzeugen, stoppe den Hund auf dem Weg zum Futternapf oder zum Spielkumpel oder zu einem menschlichen Freund; auch die Wilddummys kommen mal zum Einsatz, ebenso die Hetzangel. Mit Letzterer kann ich den Hund dann auch aus der Hatz ins Down trillern, anfangs wie beim ersten Aufbau in der Bewegung auf mich zu, dann parallel an mir vorbei und von mir weg. Auch kann eine Hilfsperson die Angel bedienen und ich lasse den Hund aus größerer Entfernung lossprinten, um ihn dann zu stoppen. Klappt das alles, übe ich erst an sich drückendem Wild und dann an abstreichendem oder flüchtendem Wild. Hier ergibt sich wieder eine Einsatzmöglichkeit für den Taubenwerfer.

Um nicht abhängig von der Pfeife zu sein, übe ich das Ganze auch noch mit einem Hörzeichen ein. Aber das ist auch gar kein Thema. Denn Down übe ich lebenslang in allen möglichen Situationen, genau wie den Doppelpfiff. Es muss dem Hund in Fleisch und Blut übergehen.

Wird das wirklich umfassend in allen möglichen Situationen und unter allen möglichen Ablenkungen eingeübte Down dann im letzten Schritt nicht mehr umgesetzt, weil die Gier auf Wild zu groß ist, bringe ich mich deutlich in Erinnerung. Bis dahin habe ich aber wirklich über Monate täglich geübt. Zunächst versuche ich es mit dem unter Pirschen beschriebenen Leinenzupf. Nimmt mein Hund Kontakt auf, wiederhole ich das Signal für Down. Komme ich mit dem Zupf nicht zu meinem Hund durch, werde ich noch eine Stufe nachdrücklicher. Ich stupse

An Gana wird der bei gutem Trainingsaufbau nur selten benötigte Stups demonstriert.

FÜR HUNDE VON NICHTJÄGERN

Selbstverständlich sollten sich auch solche Hunde sicher stoppen lassen. Sicherer Stopp und sicheres Kommen sind neben der nicht abreißenden mentalen Verbindung und der Bereitschaft zur Kommunikation die wichtigsten Ausbildungssäulen.

den Hund mit den Fingerspitzen mit ausreichend festem Impuls seitlich an die Schulterblätter, zeitgleich wiederhole ich das Down-Signal. Diese Prozedur tut weniger weh, als dass es vielleicht stark überrascht und den Hund möglicherweise aus dem Gleichgewicht an den Boden befördert. Sofort quittiere ich das erfolgte Ablegen wohlwollend. Natürlich suche ich mir dafür weichen Untergrund und stupse den Hund nicht auf Asphalt oder Schotter.

Ich habe lange überlegt, ob sich dieses Vorgehen mit meinem Anspruch auf teamorientierte, faire Führung vereinbaren lässt. Ich finde ja, auch wenn es durchaus der Differenzdressur zugeordnet werden muss. Ich tue dem Hund nicht wirklich weh. Ich muss ihn im Jagdgebrauch sicher stoppen können. Ich habe nicht unendlich Zeit und ich kann auch nicht unzählige Wildtiere mit meinem Training belästigen. Und die Erfahrung hat gezeigt, dass bei sorgfältigem Aufbau nach dem in diesem Buch beschriebenen Weg viele Hunde dieser Einwirkung nicht bedurften oder mit sehr wenigen solcher Wiederholungen auskamen.

Standruhe

Wenn das Wetter es erlaubt, nehme ich meinen Vierläufer immer mit zum Ansitz. Viel Wild kann ich nur erlegen, weil mein Hund es früh wittert und mir mit seiner gespannten Haltung ankündigt. Somit bin ich bereit, auch wenn es nur kurz im Unterholz zu sehen ist.

Natürlich weiß mein Hund anfangs nicht, dass er sich ruhig und unauffällig benehmen muss. Ich muss es ihn lehren. Entsprechend dienen die ersten Ansitze primär der Hundeausbildung und nicht dem Beutemachen.

Wie schon unter „An Ort und Stelle verharren“ geübt, lege ich den Hund auf meiner Jacke oder seiner Decke ab. Soll der Hund mich künftig auf den Hochsitz begleiten, trage ich ihn schon jetzt rauf. Soll er aber, weil er beispielsweise einer großen Rasse angehört oder ich überwiegend Ansitzleitern im Revier nutze, am Boden liegen, breite ich die Jacke oder Decke dort aus. In diesem Fall verwende ich für die ersten Übungen aber einen Bodensitz oder zumindest einen sehr niedrigen Sitz. Schließlich muss ich erst mal sehen, wie sich mein Hund benimmt. Hat er sich an die Situation gewöhnt, nehme ich auch höhere Sitze in Angriff.

In unregelmäßigen Abständen bestätige ich ruhiges Verhalten. Wechselt Wild an, erfolgt meine Bestätigung, im Idealfall noch bevor der Hund merklich reagiert. Hier kommt das „Daumen hoch"-Sichtzeichen zum Einsatz, denn ich möchte verhindern, dass das Wild aufgeregt abspringt und meinen Hund so zu Unruhe verleitet. Ist der Anblick von Wild für ihn noch sehr aufregend, kann ich ihn an einer Futtertube lutschen lassen. Dieses Lutschen beruhigt viele aufgeregte Hunde recht zuverlässig. Einem erwachsenen Hund mit Jagderfahrung brauche ich damit allerdings wohl eher nicht zu kommen.

Die Ansitzdauer passe ich dem Trainingsstand meines Hundes an. Beim Welpen kann es passieren, dass er einfach einschläft. Beim Junghund muss ich eher damit rechnen, dass ihm langweilig wird und er das Hampeln anfängt. Es ist meine Aufgabe, diese Belastungsgrenze zu erkennen und vorher den Ansitz abzubrechen. Mit entsprechender Gewohnheit wird auch der junge Hund länger aushalten.

Weit und breit kein Wild!

Sollte der Hund unruhig werden, wirke ich beruhigend auf ihn ein und belohne jedes Verhalten, das in Richtung Entspannung und Ruhe geht. Keinesfalls korrigiere ich meinen Hund durch unangenehme Einwirkungen.

Vorsichtshalber leine ich meinen Hund in der ersten Zeit an, wenn ich ihn am Boden abgelegt habe, denn vom Sitz aus kann ich nicht schnell genug eingreifen, wenn er durchstarten sollte.

Achtung, Wildwechsel (und Tinitusgefahr)!

Ist der Hund mit auf dem Sitz, muss ich ebenfalls aufpassen. Es gibt Kamikazeexemplare, die auch den Sprung aus mehreren Metern Höhe wagen, wenn Wild sie verlockt. Binde ich den Hund an, muss dies so kurz und am Geschirr erfolgen, dass er nicht über die Brüstung oder von der Bodenplattform springen kann.

Beutemachen während eines Ansitzes mit Hund kommt erst infrage, wenn ich die Schussfestigkeit entsprechend aufgebaut habe und der Hund den Anblick von Wild ruhig erträgt. Und nur wenn mein Vierläufer mir in vielen solchen Situationen bewiesen hat, dass er sich beherrschen kann, lege ich ihn frei ab. Dabei übersehe ich nicht, dass dies eine sehr schwierige Übung für den Hund ist: über Stunden nahezu unbewegt liegen zu bleiben und anwechselndes Wild dann auch noch zu ignorieren. Daher belohne ich in den ersten Jahren diese Kunst immer mal wieder recht fürstlich.

Schwieriger ist schon die Standruhe bei Bewegungsjagden. Es ist Treiberlärm zu hören, Schüsse fallen, Wild flüchtet vorbei, andere Hunde jagen laut. An all dies gewöhne ich meinen Schützling Schritt für Schritt in gestellten Übungen und dann im Rahmen kleinerer Jagden, wobei für mich zunächst das Training vom Hund im Vordergrund steht und nicht das Beutemachen.

Bleibt er liegen, wird er belohnt. Springt er auf, wird er ruhig und konsequent erneut abgelegt. Auch den künftigen Stöberhund lasse ich bei den ersten Jagden nicht gleich mit Beginn des Treibens vom Stand, sondern fordere erst Standruhe, die ich dann mit Jagen-Dürfen gezielt belohne. Ein unruhiger, gar fiepender Hund wird von mir niemals zur Jagd geschnallt.

Besonders mit Hunden, die schon im ersten Jahr viele Stöbereinsätze laufen sollen, übe ich die Standruhe früh und intensiv. Sollte ich selbst unter Jagdfieber leiden, muss ich zunächst mich selbst in den Griff bekommen, bevor ich Standruhe von meinem Hund erwarte.

FÜR HUNDE VON NICHTJÄGERN

Besonders, wenn es sich um Tiere handelt, die in der Natur sehr aufgeregt agieren und ständig unter Strom stehen, ist es gut, wenn sie dort auch Ruhe und Entspannung kennenlernen. Statt einer jagdlichen Ansitzeinrichtung (Betreten verboten!) sucht man sich eine abgeschiedene Parkbank oder nimmt sich einen Klappstuhl oder eine Picknick-Decke mit, dazu gern auch ein gutes Buch und eine Thermoskanne Kaffee – machen viele Jäger nicht anders beim Ansitz. Warme Kleidung für den Menschen und eine Decke für den Hund – falls nötig – gehören auch dazu. Wie beim Jagdhund wird mäßig, aber regelmäßig die Ruhe belohnt, ganz besonders, wenn etwas Ablenkendes im Blickfeld erscheint. Dies könnte durchaus Wild sein, wenn man entsprechend ruhig dasitzt, aber natürlich auch Passanten, andere Hunde auf Entfernung, Singvögel, Eichhörnchen und so weiter.

Der Hundeführer zeigt Balko die Jacke ...

... und gibt das Sichtzeichen zum Ablegen, obwohl der Rüde gerade andere Interessen hat.

Balko führt das Kommando aus, zeigt aber auch den Konflikt, den er damit hat. Der Hundeführer geht erst auf Abstand oder gar in Deckung, wenn Balko sich deutlich entspannt hat.

Ablegen

In vielen Prüfungen wird das Ablegen des Hundes im Wald verlangt. Der Hundeführer entfernt sich für einige Minuten außer Sicht, gibt Schüsse ab, wartet weitere Minuten und kehrt dann zu seinem abgelegten Hund zurück.

Auch hier nutze ich die Grundübung des Verharrens an Ort und Stelle auf meiner Jacke als Ausgangsbasis. Ich lege den Hund an einer ruhigen Stelle im Altholzbestand ab.

Wenn ich mich nun entferne, bin ich mir meiner Körpersprache bewusst. Ich gehe absichtlich nicht so aufrecht, gerade und gespannt wie in der Leinenführigkeitsübung, denn das würde für den Hund bedeuten, er soll mir folgen. Ich entspanne dagegen deutlich, atme tief aus, gehe die ersten Schritte rückwärts oder seitwärts vom Hund weg, drehe mich gemächlich in meine Laufrichtung und schlappe davon. Schon nach wenigen Schritten gehe ich wieder zurück zum Hund und belohne ihn fürs Warten.

Will der Hund mir schon auf den ersten Metern folgen, drehe ich mich zackig zu ihm um, kommentiere seinen Versuch mit „ah-ah“, blocke ihn mit meiner Körpersprache: frontal, Schwerpunkt zum Hund, fester Blick, gespreizte Hand ihm entgegen. Natürlich prüfe ich auch, ob meine Körpersprache vielleicht nicht eindeutig genug ist beim Weggehen und verbessere sie nötigenfalls. Jetzt baue ich die Jacke ab, falte sie kleiner, lasse sie so neben dem

Hund und lege ihn dann völlig frei ab. Klappt die Ablage mit Sicht auf den wenige Meter entfernten Hundeführer, verlängere ich die Wartezeit vor dem Zurückkommen und dann die Entfernung.

Kimba lernt das Ablegen auch unter Ablenkung mithilfe der sicheren Ronja.

In einer Übungseinheit erschwere ich natürlich immer nur eins der Kriterien. Kann ich zehn Minuten auf etwa 30 Meter verweilen, gehe ich zunehmend außer Sicht. Dabei stehe ich halb von einem Stamm verdeckt oder hinter einem lichten Busch, und zwar so, dass ich sehen kann, ob mein Hund unruhig wird. Ist dies der Fall, kehre ich umgehend in die Sicht zurück und wiederhole die Übung dann mit kürzerer Wartezeit. Der Hund soll Erfolg haben. Nun gehe ich ganz außer Sicht.

Das nächste Ziel ist, dass sich mein Hund während des Ablegens durch nichts zum Aufstehen verleiten lässt. Dazu stehe ich zunächst wieder näher und auf Sicht. Dann beginne ich, Geräusche zu erzeugen, knacke mit Ästen, werfe Tannenzapfen, hantiere mit meinem Gewehr, lade und entlade, das Ganze wieder mit zunehmender Entfernung, Dauer und Unsichtbarkeit.

In diese Übungen kann ich auch schon die Ablage am Wild einbauen, indem ich selbiges einige Meter neben dem Hund hinlege. Will er zu diesem hin, wird es mit einem „ah-ah“ von mir tabuisiert.

Schüsse baue ich erst ein, wenn die Schussfestigkeit des Hundes ausreichend gegeben ist. Zunächst lasse ich eine Hilfsperson in größerem Abstand schießen, während ich sichtbar relativ nahe beim Hund stehe. Nach und nach nähere ich mich dem Schützen, bis ich selbst auf 50 Meter Abstand schießen kann. Jetzt gehe ich wieder in Deckung und verringere zusehends die Distanz zum Hund.

FÜR HUNDE VON NICHTJÄGERN

Für diese Übung sehe ich keinen Bedarf. Warum sollte sich ein Nichtjäger gezwungen sehen, seinen Hund allein und unangeleint irgendwo in der Natur zurückzulassen?

Arbeit vor dem Schuss

Im nun folgenden Abschnitt geht es um all die Fähigkeiten, die mein Hund beherrschen muss, wenn er mir Beute suchen, anzeigen oder vor die Waffe bringen soll.

Stöbern

Durch die Anlagenförderung hat mein Hund bereits verknüpft, dass er sich mit Weste und Glocke von mir entfernen und die Welt erkunden darf. Wahrscheinlich ist er so schon auf Wild gestoßen und hat es lauthals verfolgt. Eine weitere Übungsmöglichkeit stellen Schwarzwildgatter dar. Hier kann ich das Verhalten meines Hundes an dieser Wildart sehen und entsprechend Einfluss nehmen.

Den sehr zurückhaltenden Hund unterstütze ich, feuere ihn an, gehe mit ihm vor. Den Draufgänger bremse ich aus. Doch bevor ich meinen Hund in solch einem Gatter schnalle, schaue ich mir den Betrieb sehr genau an. Denn zu aggressive Sauen können meinen Hund nachhaltig verprellen, zu zahme Sauen ihn zu sehr zum Greifen animieren – beides wäre kontraproduktiv.

Jetzt möchte ich seine ausdauernde Arbeit mit Beutemachen verknüpfen und ihn so weiter motivieren. Dazu organisiere ich kleine Stupseljagden (das sind Bewegungsjagden in kleiner Gruppe auf entsprechend kleiner Fläche), wo eine Dickung recht eng von guten, schnellen Schützen abgesetzt wird und ich meinen

Die sechs Monate alte Adrasta stellt einen halbzahmen Keiler.

Hund als einzigen mittig zur Jagd schnalle. Ich selbst stehe parat, um meinen Hund bei möglichem Sauenkontakt passend zu unterstützen. Gibt es Wildarten, die mein Hund nicht jagen soll, so dürfen diese natürlich auch nicht vor ihm geschossen werden.

Ich selbst möchte einen Hund, der alles jagt, was die Karte hergibt. Entsprechend besuche ich auch nur solche Veranstaltungen mit ihm. Wer es anders will, geht zumindest in den ersten Jahren ebenfalls nur auf passende Jagden. Wurde mehrfach Wild auf solchen Stupseljagden vor meinem Hund geschossen, ist mein nächstes Ziel, das Beutemachen mit meiner Person zu verknüpfen.

Dies kann ich nur noch sehr bedingt beeinflussen. Eine Möglichkeit ist es, sich an Zwangswechseln zu setzen, wie sie sich zum Teil rund um Wildschutzzäune ergeben. Vielleicht komme ich auch erst im Rahmen von größeren Bewegungsjagden dazu, ein Stück vor meinem Hund zu erlegen. So es die Sicherheit und die Vorgaben der Jagdleitung erlauben, springe ich dann vom Sitz, treffe quasi gleichzeitig mit meinem Hund am Stück ein und freue mich mit ihm gemeinsam über die Beute.

Wie schon unter „Standruhe" erwähnt, lasse ich den jungen Hund nicht gleich zu Beginn vom Strick, sondern schnalle ihn versetzt. Ebenso erwarte ich nicht, dass er als Jüngling schon bis zu drei Stunden am Stück durchjagt. Kommt er erschöpft zum Sitz, biete ich ihm Wasser und ein warmes Plätzchen. Gleichfalls sammle ich auch meinen älteren Hund ein, wenn ich merke, dass er nur noch alte Fährte aufarbeitet. Die Energie kann er sparen und lieber an einem späteren Jagdtag nutzen.

FÜR HUNDE VON NICHTJÄGERN

Es gibt keinen Bedarf, dem Hund auch nur annäherungsweise ähnliches Verhalten zu erlauben. Jedoch kann man die von Stöberhunden erbrachte Laufleistung durch entsprechend langes Laufen oder Radfahren mit dem Hund im Trab und auch mal leichten Galopp abrufen. So trainiere auch ich die Ausdauer unserer Bracken. Diese legen in einem Trieb zwischen 20 und 40 Kilometer zurück bei einer durchschnittlichen Geschwindigkeit von ungefähr 10 km/h. Zu einem gezielten Lauftraining gehört es, dass ich den Hund langsam antrainiere, er gesund ist, er ausreichend trinken kann, das Wetter nicht zu extrem ist und er möglichst wenig auf Asphalt oder vergleichbar hartem Boden läuft.

Feldsuche

Durch die Anlagenförderung der Quersuche und des Vorstehens hat mein Hund schon ein Konzept für die gefragte Arbeit. Jetzt will ich ihn sicher durch Pfeifsignale und später meine Lauf- bzw. Blickrichtung lenken können und das Vorstehen, Durchstehen, Nachziehen und Verhalten am abstreichenden Federwild aufbauen.

Eywa sucht an der hängenden Feldleine. (Falls der Hund noch nicht sicher zum Vorstehen kommt oder noch zum Einspringen neigt, sollte man unbedingt ein Geschirr verwenden!)

Eywa bekommt Witterung und die Führerin holt die Leine sachte ein, ...

Bisher bin ich noch sehr viel mitgelaufen und hatte den Hund durch Nutzung des Markers, Rufen oder Klatschen am Ackerrand zur Wendung veranlasst. Mittlerweile sollte er schon von selbst am Randstreifen wenden. Dies Verhalten kennzeichne ich jetzt mit einem einfachen Pfiff und markiere die richtige Ausführung gleich im Anschluss.

... bis sie sich an leicht auf Spannung gehaltener Leine ...

... zum Hund vorarbeiten kann

Vermutlich läuft mein Hund bis zu mir, um sich seine Belohnung zu holen. Diese gebe ich quasi im Vorbeilaufen und schicke ihn in Laufrichtung weiter zum anderen Ackerrand. Erneut pfeife ich, kurz bevor er den Rand erreicht, und markiere dann die erfolgte Wendung. Dies wiederhole ich, bis der Hund das Pfeifsignal gut verknüpft hat. Jetzt löse ich das Signal von der optischen Hilfe Ackerrand ab. Denn nicht jeder Schlag hat eine für die Jagd passende Breite. In manchen Gegenden kann ein Acker sogar über einen Kilometer breit sein. Es wäre wenig hilfreich, wenn mein Hund hier von Rand zu Rand pendelt.

Mancher Hund setzt den Pfiff problemlos gleich auf einer weiten Fläche um. Anderen muss ich mit einem Zwischenschritt helfen. Dazu schicke ich den Hund zum Rand, pfeife aber weit früher, wenn er noch ganz in meiner Nähe ist. Dreht der Hund nicht, mache ich ihn mit Klatschen und Rufen auf mich aufmerksam und renne in die entgegengesetzte Richtung. Sobald der Hund beidreht, gibt es das Markersignal. Nach und nach fordere ich schnellere Reaktion auf den Pfiff, bis der Hund augenblicklich wendet.

Klappt es mit dem Pfiff gut, den Hund zu lenken, lasse ich den Pfiff immer leiser erklingen, damit der Hund sich zunehmend an meiner Körpersprache orientiert. Hunde haben ein weitaus größeres Gesichtsfeld als wir Menschen. Er kann meine Bewegung auch in der Quersuche wahrnehmen und entsprechend wenden, wenn ich mich in die Gegenrichtung drehe.

Für die weitere Arbeit am Wild sollte der Hund sowohl das Grenzen-Setzen mit „ah-ah" als auch den Down-Triller kennen. Natürliche Wildvorkommen sind aus bereits erwähnten Gründen jedem ausgesetzten Wild vorzuziehen.

Muss ich etwas aussetzen, haben sich Wachteln mit einem 3 Meter langen, roten forstlichen Markierband am Ständer bewährt. Kann der Hund nicht sicher mittels Feldleine gehalten werden, sollte die Wachtel zum Schutz in einen kleinen Käfig gesetzt werden. So sehe ich genau, wo die Wachtel sich drückt, der Hund aber nicht, da er eine Rot-Grün-Sehschwäche hat.

Ich setze die Tiere immer in sehr gute Deckung. Mein Hund soll sie nur wittern, nicht sehen. Und genauso sollen die Tiere den Hund nicht wahrnehmen, ich will sie nicht unnötig stressen, zumal der Hund erst mal das Stehen lernen soll und nicht gleich das Down am abstreichenden Wild.

Selbstverständlich werden meine Übungstiere sonst bestens versorgt, leben in artgerechten Volieren mit genügend Artgenossen zusammen und sind den zuständigen Ämtern gemeldet. Ausgesetztes Wild ist eine Krücke für Vorstehhunde in niederwildarmen Regionen.

Für die ersten Übungen sichere ich den Hund mit einer Feldleine. Bei kräftigen, großen Hunden sind Handschuhe gegen Brandblasen zu empfehlen. Quer zum Wind führe ich den Hund in die Wildwitterung. Sobald er verharrt, rede ich ruhig, leise lobend auf ihn ein, nähere mich vorsichtig von schräg hinten bis an seine Seite, in dem schon früher geübten, gespannten Schleichgang. So verharren wir noch einen Moment gemeinsam, bis ich den Hund abtrage. Zur Belohnung biete ich ein Leckerchen an, aber wahrscheinlich will mein Hund lieber erneut zum Stehen kommen – es sei ihm gegönnt.

FÜR HUNDE VON NICHTJÄGERN

Es gilt das, was schon unter Anlagenförderung Vorstehen und Quersuche geschrieben wurde.

Wir gehen also wieder passend in den Wind. Danach suchen wir uns ein neues Stück Wild. Wird der Hund unruhig, markiere ich das Wild durch „ah-ah“ als meins. Springt er dennoch ein, so halte ich ihn mit der Leine zurück und trillere ihn ins Down, hole ihn ab und versuche es erneut. Diesmal trage ich schneller ab und bleibe vorher schon näher bei ihm.

Nicht jeder Hund steht von Geburt an bombenfest, manche müssen es sich langsam erarbeiten. Meine Geduld und mein Feingefühl sind gefragt. Kommt mein Hund auch an der 15-Meter-Feldleine sicher zum Stehen und braucht keine Korrekturen mehr, übe ich auch das Nachziehen und das Halten am abstreichenden Wild. Dazu nähere ich mich dem stehenden Hund und versuche, das sich drückende Wild mittels eines feinen, langen Steckens leicht zu beunruhigen, und zwar genau so, dass es in der Deckung ein paar Meter weitergeht. Nun lasse ich den Hund vorsichtig nachziehen und trage ihn ab, wenn er wieder steht. Sollte das Wild abstreichen, trillere ich sofort den Hund runter. Abstreichendes Federwild soll zum Signal fürs Runtergehen beim Hund werden.

Klappt auch das, übe ich alles ohne Sicherungsleine. Im vorletzten Schritt schieße ich in die Luft, wenn das Wild abstreicht. Dann nehme ich den Hund mit zur Jagd und schieße tatsächlich Wild vor ihm. Er darf es aber nur dann apportieren, wenn er vorher nicht nachprellen wollte und ruhig auf seinen Auftrag wartet.

Buschieren

Das Buschieren entspricht grob der Quersuche, nur dass der Hund jetzt die Schussdistanz einer Flinte nicht verlassen soll. Dies erreiche ich durch Gewöhnung, da ich ihn immer bei Erreichen der Grenzdistanz mittels Pfiff wenden lasse. Und natürlich sind auch ausgelegte Dummys oder Wild grundsätzlich innerhalb dieses Rahmens zu finden. Aufgrund der Nähe und Gewöhnung reichen bald schon leise Pfiffe durch die Zähne und bei entsprechend fleißigem Training orientiert sich mein Hund zunehmend an meiner Körpersprache.

Schicken nach links ...

... und rechts.

Eywa hat Witterung bekommen.

Anfangs markiere ich jede Wendung, der Hund kommt dann vermutlich zu mir, um seine Belohnung abzuholen. Anschließend schicke ich ihn in Laufrichtung weiter. Später schicke ich ihn nach der ersten Wendung direkt weiter und markiere erst die zweite oder dritte Wendung. Ist der Hund in seinen Bewegungen zu dicht bei mir, markiere ich wieder vermehrt, wenn er sich von mir entfernt, oder lege Wild und Dummys am äußeren Rand des Suchengebietes ab, bis er flüssig im gewünschten Radius vor mir sucht.

Für Prüfungen reicht es, wenn ich mit meinem Hund ohne größere Ablenkung allein im Wald oder Buschland suchen kann. Will ich mich aber an Gesellschaftsjagden beteiligen, muss sich mein Hund daran gewöhnen, dass andere Teams in direkter Nachbarschaft arbeiten, Schüsse fallen, andere Hunde auf Nachsuche uns vor die Füße laufen oder gar außer Rand und Band durch die Jagd toben.

Ich übe all dies erst im kleinen Rahmen mit befreundeten Hundeführern, bevor ich mit meinem Hund an größeren Jagden teilnehme. Und auch dann gilt mein Augenmerk dort mehr dem Verhalten meines Hundes als dem Beutemachen. Der Jagdleiter hat dafür entweder Verständnis geäußert oder ich nehme ohne Hund teil.

FÜR HUNDE VON NICHTJÄGERN

Dort, wo Jäger buschieren, kommt vermehrt Wild vor. Solch ein Gelände sollte also nicht zur Auslastung von Familienhunden benutzt werden. Doch statt Wild in hohen Gräsern und niedrigem Buschwerk im direkten Umfeld des Hundeführers zu suchen, kann man als Nichtjäger auf ausgelegtes Spielzeug oder Dummys im lichten Altholz oder auch auf groben Schollenäckern in identischer Form jagen und so die Zusammenarbeit mit dem Hund schulen und ihn beschäftigen.

Stöbern im Wasser

Für die Stöberarbeit im Wasser habe ich den Hund schon an das nasse Element gewöhnt und er beherrscht die Suche und den Apport von Spielzeug. Jetzt gilt es, die Annahme des Wassers auf Signal zu etablieren und die Suchausdauer zu erhöhen. Dies geschieht alles auch durch das Training der Arbeiten nach dem Schuss, den Apport, das Einweisen und die Suche (siehe entsprechende Kapitel).

Auf einigen Prüfungen wird verlangt, dass der Hund auf einmaliges Hörzeichen das Wasser an vorgegebener Stelle zügig annimmt. Hierzu nutze ich ebenfalls das Einweisen und perfektioniere es so, dass der Hund auch auf mehrere Meter Distanz auf das Hörzeichen und die Sichthilfe sauber agiert, auch wenn nicht vorher für ihn bemerkbar ein Dummy ausgelegt wurde.

Jetzt muss ich noch die Schussfestigkeit am Wasser ausbauen. Die Akustik ist dort eine ganz andere als an Land und auch die Lärmbelastung ist für den Hund deutlich höher.

Ich schieße anfangs in die entgegengesetzte Richtung, dann in die Luft, zunehmend in Richtung des Hundes, aber natürlich nie so, dass er gefährdet würde. Ein gesunder, wesensfester, gut aufgebauter Hund hat regulär keine Probleme mit dem Schuss am Wasser.

So kann ein Schuss über den Hund aussehen.

Beherrscht mein Hund die Arbeiten im Wasser nach dem Schuss, kann ich ihn – je nach den gesetzlichen Bestimmungen meines Bundeslandes – an bis zu drei ausgesetzten lebenden Enten im Rahmen eines Ausbildungskurses das Suchen und Herausdrücken üben lassen. Perfekt läuft es, wenn diese Enten vor ihm erlegt werden können.

FÜR HUNDE VON NICHTJÄGERN

Schilfbereiche sind Rückzugsgebiet vieler auch bedrohter Wasservogelarten und durch das Naturschutzgesetz speziell geschützt. Man suche sich daher entsprechend offene Uferbereiche und meide Arbeiten in der Nähe von Schilf.

Sobald mein Hund eine Prüfung abgelegt hat, die seinen Einsatz bei der Wasserjagd erlaubt, muss er weitere Erfahrungen im Rahmen des Jagdalltages sammeln. Natürlich beginne ich wie üblich mit kleineren Jagden und besuche erst mit dem entsprechend sicher zu führenden Hund Großveranstaltungen.

Brackieren

Eine Brackade kann man nicht im klassischen Sinne üben. Ohne echtes Wild, das sich brackieren lässt, und eine entsprechende Umgebung geht es nicht. Soll meine Bracke in diesem Fach brillieren, dann muss ich ihr ausreichend oft die Möglichkeit dazu bieten. Ein anderer Weg ist mir hier nicht bekannt.

FÜR HUNDE VON NICHTJÄGERN

Es gibt keine Möglichkeit, auch nur annäherungsweise einen Ersatz für das Brackieren zu bieten.

Bauarbeit

Den angehenden Baujagdhund habe ich bereits mit dunklen Röhren vertraut gemacht. Auch kennt er Fuchs und bei Bedarf auch Dachs schon von der Hetzangel. Jetzt ist die Zeit, ihn in der Schliefanlage an den Fuchs zu bringen. Hier hilft der Betreiber der Anlage.

Wichtig zu bedenken ist, dass es intelligente Hunde gibt (das operante Training mit Markersignalen fördert diese Intelligenz), die sehr schnell verknüpfen, was Sinn macht und was nicht. War so ein Hund mehrmals in einem solchen Kunstbau, ohne dem Fuchs ans Leder zu können, ist es möglich, dass er die

Der Baujagdhund wird erst einmal mit dunklen Röhren vertraut gemacht.

FÜR HUNDE VON NICHTJÄGERN

Es gilt das, was unter Anlagenförderung Bauarbeit geschrieben wurde.

Arbeit an solchen Bauten und zahmen Füchsen verweigert. Eine Prüfung in der Schliefanlage wird so schwierig bis unmöglich. Weniger ist hier also oft mehr.

Aber auch wenn mein Hund nun vielleicht die Schliefanlage verweigert, heißt das nicht, dass er in freier Natur keine Füchse sprengen wird. Im Gegenteil – hier hat er ja Erfolg. Und als schlauer Hund wird er sehr bald befahrene Baue von unbefahrenen unterscheiden. Ähnliches kann man bei manchen Hunden beobachten, die zu oft im Schwarzwildgewöhnungsgatter waren. Sie agieren dort nur noch lustlos bis gar nicht, weil da nie eine Sau vor ihnen erlegt wird.

Arbeit nach dem Schuss

Bisher ging es darum, wie ich den Hund dazu anleite, mir Wild zu suchen, anzuzeigen oder vor die Waffe zu bringen. Im Folgenden wird beschreiben, wie er die Fähigkeiten, die er braucht, um mich in Besitz des erlegten Wildes zu bringen, erlernt und perfektioniert.

So soll es später aussehen, wenn der Hund das erlegte Wild bringt.

Apport von Niederwild

Mein Hund ist jetzt etwa ein halbes Jahr alt und holt mir begeistert Spielzeug und die beschriebenen Wilddummys – und das Ganze völlig freiwillig, ohne Hörzeichen, ohne Vorgabe, wie der Gegenstand zu greifen und mir zu übergeben wäre. Hauptsache, ich bekomme es irgendwie in die Hand. Jetzt heißt es, die Spielregeln langsam zu verschärfen, damit aus diesem Spiel ein zuverlässiger jagdlicher Apport wird.

■ Abgabe im Sitz

Dazu halte ich meine Hand nicht mehr tief, sondern nehme sie nach und nach höher. Entsprechend muss sich mein Hund mit dem Spielzeug immer mehr nach oben strecken. Kennt mein Hund das Sichtzeichen für Sitz schon, kann ich meine Hand mit diesem Zeichen nach oben führen. Je höher meine Hand geht, desto mehr muss sich der Hund strecken. Bewege ich sie jetzt noch über seinen Kopf leicht nach hinten, wird er ziemlich wahrscheinlich seinen Hintern absenken. Genau in dem Moment gebe ich das Markersignal und greife zu.

Dies baue ich aus, bis sich der Hund automatisch immer mit meiner Handbewegung setzt. Jetzt muss ich noch vorsichtig das Zeitfenster aufziehen, in dem er das Spielzeug hält, bis ich zugreife. Er sollte am Ende mindestens fünf Sekunden ruhig mit dem Spielzeug im Maul sitzen können. Dabei achte ich darauf, dass er nicht überfordert wird, denn der so entstehende Stress kanalisiert sich sehr oft im unerwünschten Knautschen.

Manche Hunde spucken ihre Beute beständig aus, wenn sie sich setzen. Hier kann ich entweder extrem kleinschrittig vorgehen und die minimale Absenkung des Hinterteils bestärken, wenn der Kiefer noch um die Beute geschlossen ist, oder ich übe das Nehmen aus der Hand mit dem bereits sitzenden Hund. Dazu bringe ich den Hund in die Position Sitz und biete ihm zunächst das Apportel direkt vor der Schnauze an, er muss nur zugreifen.

Klappt dies, halte ich das Apportel zunehmend tiefer. Anfangs kann der Hund es noch aus der Sitzposition greifen, doch irgendwann muss er den Po etwas vom Boden nehmen, damit er an das Apportel kommt. Ich bestärke den Moment, in dem er sich dann mit dem Apportel im Fang wieder absetzt. So arbeite ich mich vorwärts, bis ich das Apportel vor dem sitzenden Hund auf den Boden legen kann, er sich erhebt, es greift und sich damit im Fang wieder setzt.

■ Festhalten bis zum Signal „Aus"

Durch die bisherige Arbeit hat sich mein Griff zum Spielzeug bzw. der Kontakt Hand an Spielzeug als Signal fürs Ausspucken etabliert. Auch diese Verknüpfung muss ich noch auflösen. Denn wenn mein Hund mir später geflügelte Enten bringt, ist es absolut wichtig, dass er sie erst loslässt, wenn ich sie fest im Griff habe. Dies signalisiere ich über das Hörzeichen „Aus".

Spuckt der Hund sie aus, bevor ich sie sicher habe, kann sie unter Umständen unauffindbar flüchten. Keinesfalls soll Wild für mangelhaftes Hundetraining büßen müssen. Dazu übe ich zunächst das Halten, egal, was ich mit meinen Händen veranstalte, das Markersignal beendet jeweils das Verhalten, der Hund darf also spucken. Es macht nichts, wenn das Spielzeug dann auf dem Boden landet.

Lässt der Hund vor dem Signal schon fallen, versuche ich es erneut.

- Ich bewege meine Hand zum Fang, ziehe sie weg und bestätige das Festhalten.
- Ich nähere die Hand immer weiter, greife aber nicht zu, ziehe weg und bestätige.
- Ich greife an das Spielzeug, lasse los und bestätige.
- Ich greife, lasse los, greife erneut, lasse los, bestätige.

So wird das Dummy korrekt mittig gehalten.

Das spiele ich in allen möglichen Varianten durch, bis der Hund merkt, dass er auf jeden Fall bis zum Ertönen des Markersignals halten muss, wenn er eine Belohnung will. Ab jetzt täusche ich weiterhin verschiedene Griffe an, aber immer vor dem Markersignal habe ich die Hand am Spielzeug und gebe das Hörzeichen „Aus", das ich so verknüpfe.

■ Umstellung auf die Arbeit mit Standarddummys

Ein Canvasdummy (ein Dummy aus groben Leinentuch) ist kein Spielzeug mehr, sondern ein Arbeitsgerät, mit dem entsprechend umgegangen wird. Es soll also nicht beliebig, sondern mittig, ruhig und mit angepasster Griffstärke genommen werden, wie in den folgenden Übungen dargestellt.

■ Aufnehmen von Dummys

Das Aufnehmen kann ich durch freies Shapen vom Boden oder aus der Hand lehren. Ich kann aber durch Bewegung zu den ersten Greifversuchen locken und dann weiter formen. Erstes Ziel ist der mittige Griff. Darf der Hund bei den ersten Versuchen noch zugreifen, wie er möchte, so nähere ich meine Ansprüche immer mehr dem Ziel an.

Im nächsten Schritt bringe ich den Hund ins Sitz für die Abgabe. Jetzt erhöhe ich die Zeit des Haltens bis zum Aus. Sollte mein Hund zu fest greifen und mit seinen Zähnen Spuren im Dummy hinterlassen, übe ich mit dem bereits bekannten NRM die Griffstärke. Dazu kann vorübergehend ein sehr weiches Quietschetier zum Einsatz kommen. Gibt dieses aufgrund der Griffstärke einen Ton von sich, breche ich mit dem NRM „Hoppla" ab.

Beim nächsten Versuch bemühe ich mich, ein Markersignal zu setzen, wenn der Hund schon nach dem Tier greift, es aber noch nicht quietscht. Hier ist ein sehr gutes Timing gefragt! Klappt das Greifen und Halten vom Quietschetier, stelle ich wieder auf den Dummy um. Sehe ich, dass mein Hund zu stark zugreift, breche ich auch hier mit dem NRM ab.

Nur bei sachtem Griff quietscht das Schwein nicht.

Mit etwas Fingerspitzengefühl sollte sich das Problem lösen lassen. Besteht es hartnäckig, ist irgendwas an der Trainingssituation zu stressig. Möglicherweise hat mein Hund einen Konflikt, wenn er mir Beute geben soll, vielleicht übe ich unbewusst zu viel Druck aus oder er hat bereits einschlägige negative Erfahrungen mit dem Fach Apport bei einem Vorbesitzer gemacht. Dann muss ich nach entsprechenden Lösungen suchen. Mehr Druck ist jedenfalls sicher keine.

Einen Konflikt bei der Abgabe kann ich entschärfen, wenn ich sehr hochwertige Belohnungen im Tausch anbiete. Gleichzeitig achte ich auf meine Körpersprache. Eventuell mache ich mich anfangs klein und drehe mich vom Hund ab, damit er mich nicht als bedrohlich wahrnimmt. Hat mein Hund beim Vorbesitzer schlechte Erfahrungen im Apport gemacht, baue ich dieses Fach ganz neu auf, verwende dafür andere Hörzeichen und unter Umständen zumindest am Anfang auch völlig andere Apportiergegenstände. Vergleichbares gilt fürs Knautschen. Quietschetiere sind übrigens nur bedingt als Spielzeug geeignet, fördern sie doch das wilde Kauen auf Beute!

Nimmt mein Hund die Dummys vorschriftsmäßig auf und präsentiert sie mir im Sitz zur Abgabe, so verknüpfe ich jetzt das Hörzeichen Apport mit dieser Abgabe. Immer wenn der Hund sich gerade hinsetzt und mir den Dummy hinhält, sage ich „Apport“. Später wird dieses Signal die Suche nach einem Dummy oder Wild sicher auslösen, denn ohne kann er das Verhalten nicht ausführen. Da ich das Hörzeichen ausschließlich für das Bringen von Dummys und Wild verwende, ist es höchst unwahrscheinlich, dass mir mein Hund stattdessen eines Tages Spielzeug oder Ähnliches anliefert. Außerdem wird wohl kein Hund mit halbwegs guter jagdlicher Veranlagung über das Apportieren von Stöckchen nachdenken, wenn er auch nur die geringste Chance auf Wild sieht.

Kein Stock und kein Spielzeug könnten eine Ente toppen.

Vielfältige Übungen mit Ablenkungen

Jetzt wiederhole ich mit den Dummys alle bisher mit Spielzeug durchgeführten Übungen. Zum Abschluss bringe ich noch Ablenkungen und Verleitungen ins Training ein. Besonders wichtig ist mir dabei, dass mein Hund eine einmal aufgenommene Beute nicht gegen eine andere tauscht, über die er auf dem Weg zu mir eventuell stolpert. Dazu lasse ich den Hund einen Dummy suchen und bevor er bei mir ankommt, lege ich Spielzeug und die Wilddummys etwas abseits von seinem Rückweg aus.

Will er den Dummy deswegen ablegen, animiere ich ihn zum Bringen. Legt er trotzdem ab, kommentiere ich das mit einem NRM. Will er gar die Verleitung aufnehmen, gibt es ein „ah-ah".

Eine weitere Möglichkeit ist es, die Verleitungen zunächst hinter einen Zaun zu legen. Jetzt kann ich sogar ohne weitere Hilfe einfach abwarten, wann mein Hund begreift, dass er an diese nicht herankommt, und dann vermutlich doch seinen Dummy bringt, was ich entsprechend belohne.

Nach wenigen Wiederholungen erwarte ich, dass der Hund das Dummy problemlos bringt. Will er es weiterhin ablegen, um die Verleitung zu untersuchen, breche ich hier mit einem NRM ab.

Lässt er sich nicht irritieren, lege ich die Verleitungen immer näher auf seine Strecke und nehme auch den Zaun weg. Dann fallen die Verleitungen erst auf Abstand, dann immer näher vom Himmel. Zuletzt lege und werfe ich sogar

Fleischbrocken, lasse eine Hilfsperson mit der Hetzangel schwenken oder in die Luft schießen.

Klappt dies auf dem Rückweg, so soll der Hund jetzt noch lernen, auch auf dem Hinweg Verleitungen aller Art zu ignorieren. Ich fange also wieder mit dem ausgelegten Spielzeug an und arbeite mich bis zu den fliegenden Futterbrocken und Schüssen vor. Ganz zum Abschluss führe ich auch noch andere Hunde ein, die den Weg meines Hundes kreuzen und selbst etwas apportieren.

Clara kommt mit ihrem Dummy, …

Arbeit mit Wild

Spätestens jetzt ist mein Hund so weit, dass ich auch mit Wild arbeiten kann. Auch hier zeige ich ihm, wie er es greifen soll, und lasse ihn dann die ganzen bekannten Übungen durchlaufen. Natürlich kann ich auch relativ bald nach der Einführung von Dummys schon das Wild verwenden und mal mit dem einen und mal mit dem anderen Apportel trainieren.

… bemerkt den zweiten, …

Arbeit in Anwesenheit anderer Hunde

Bleibt zu erwähnen, dass bei der Arbeit mit mehreren Hunden und Wild Vorsicht geboten ist. Schnell kommt es deswegen zu unnötigen Beißereien. Will ich mit meinem Hund später auch an Gesellschaftsjagden teilnehmen, so gewöhne ich ihn gezielt an die Anwesenheit anderer Hunde.

Zu diesen Übungen sichere ich alle Teilnehmer mit Leinen, es darf zu keinen Übergriffen kommen. Ich gehe davon aus, dass alle eingesetz-

… tauscht aber nicht!

Pius hält mit vollem Griff, so wie es sein soll, die Henne.

ten Hunde ohne Wild verträglich sind. Zunächst darf ein Hund mit Feldleine gesichert apportieren, während die anderen mit Abstand geführt werden. Nach und nach wird der Abstand verringert. Ignoriert mein Hund die anderen, ist alles bestens. Weicht er ihnen zur Deeskalation mit einem Bogen aus, ist dies völlig in Ordnung. Fixiert er aber einen, kommentiere ich dies mit „ah-ah". Wendet er sich daraufhin mir oder seiner Arbeit zu, belohne ich dies.

Dann lasse ich die anderen Hunde den Abstand etwas vergrößern, damit mein Vierläufer im nächsten Durchgang diesen Konflikt möglichst nicht mehr hat. Auch die anderen Hundeführer leiten ihre Hunde an, sich nicht um die übrigen zu kümmern. Bei zunehmend enger werdendem Abstand trenne ich den arbeitenden Hund durch einen Zaun von den übrigen ab. Diese Übung wird mit wechselnden Rollen trainiert. Kann ich meinen Hund mit dem „ah-ah" nicht wieder auf mich konzentrieren, trete ich ruhig, aber bestimmt ins Bild und dränge ihn vom anderen Hund ab, bis er mich wieder wahrnimmt. Auch hier vermindere ich anschließend den Schwierigkeitsgrad.

FÜR HUNDE VON NICHTJÄGERN

Alle diese Übungen können mit Dummys gearbeitet werden.

Im nächsten Schritt bewegen sich die anderen Jäger mit ihren Hunden, während meiner apportiert. Klappt auch dies, geht es weiter mit zwei parallel apportierenden Hunden. Der Fantasie sind keine Grenzen gesetzt.

Natürlich kann ich bei zunehmender Sicherheit in Absprache mit den anderen Teilnehmern auch ohne Leine arbeiten, das geschieht aber auf eigenes Risiko. So vorbereitet sollte zumindest von meinem Hund weniger die Gefahr ausgehen, dass er auf einer Jagd andere Hunde wegen Beute attackiert oder sie ihnen auch nur abnehmen will.

Die junge Patch ist sich unsicher und läuft mit Abstand an den anderen vorbei; das ist völlig in Ordnung.

Die alte, selbstsichere Ronja lässt sich nicht beeindrucken.

Einweisen

Bisher hat mein Hund sein Spielzeug, Dummy oder Wild immer eigenständig in relativer Nähe oder am Ende irgendwelcher Geruchsspuren gesucht und gefunden. Auf der Jagd ist es manchmal ganz praktisch, meinen Hund zunächst ins weiter entfernte Suchgebiet einweisen zu können, wenn ich sicher weiß, dass das Wild dort zu finden sein muss.

■ Vom Hundeführer wegschicken

Zunächst übe ich das Schicken auf einen Futternapf. Ich richte mich frontal auf diesen aus, lasse den Hund neben mir warten, dann zeige ich ihm mit meinem Arm auf seiner Augenhöhe genau die anvisierte Richtung und gebe ihn frei. Nach wenigen Wiederholungen nehme ich einen zweiten, aber leeren Napf hinzu, den ich zunächst entgegengesetzt aufstelle. Ich schicke den Hund zum vollen Napf. Läuft er zum falschen, gibt es automatisch keine Belohnung. Jetzt stelle ich den leeren Napf 90 Grad versetzt, mal links, mal rechts vom gefüllten auf, dann nur noch auf 45 Grad.

Habe ich einen pfiffigen Hund, kann es ein, dass er nun nicht mehr so gut aufpasst und einfach beide Näpfe hintereinander kontrolliert. Dies verhindere ich entweder durch Hilfspersonen, die den gefüllten Napf rechtzeitig entfernen, oder ich stelle die Arbeit auf Targets um. Dazu eignen sich besonders blaue Pylone – blau, weil Hunde diese Farbe gut sehen können. Läuft der Hund zum richtigen Target, folgen Markersignal und Belohnung; nimmt er das falsche Target, passiert nichts und der Versuch wird wiederholt.

Achtet mein Hund gut auf meine Richtungseinweisung, dann verlängere ich jetzt die Laufstrecke bis zum Target, bis er sich gute 100 Meter von mir in gerader Linie entfernt. Im nächsten Schritt schleiche ich die Targets als optisches Ziel aus. Dazu verdecke ich sie zunächst in der Nähe immer mehr. Dann weise ich den Hund über eine leichte Kuppe ein, sodass er nach wenigen korrekt gelaufenen Metern plötzlich das Target erblickt. Nun muss er immer längere Strecken zurücklegen, bis das Target in seinem Sichtfeld auftaucht. Und ganz zum Schluss markiere ich schon, bevor er das Target erreicht. Denn Ziel ist es, dass er sich in vorgegebener Richtung von mir löst, und nicht, dass er Targets sucht.

■ Einweisen auf Dummys und Wild

Jetzt lege ich Dummys an den zunächst wieder sichtbaren und relativ nahen Targets aus und lasse sie mir vom Hund nach entsprechender Einweisung bringen. Im nächsten Schritt entferne ich die Targets und weise den Hund direkt auf die dann auch zunehmend unsichtbar liegenden Dummys ein. Entsprechendes wiederhole ich mit Wild.

Einweisen auf Distanz

Besonders bei der Jagd auf Flugwild kann es natürlich vorkommen, dass ich meinen Hund auch über größere Distanz in ein Suchgebiet lotsen will. Hierfür kann ich das Einweisen auf Distanz üben.

Auch dazu verwende ich Targets wie die beschriebenen Pylonen. Ich platziere den Hund mittig zwischen zwei Targets und stelle mich ihm direkt frontal gegenüber. Dann weise ich ihn mit deutlicher Körpersprache in die gewünschte Richtung. Ich mache dazu einen halben Schritt in die passende Richtung und strecke meinen Arm seitlich aus, weise also zum Target. Nimmt der Hund das richtige Target an, folgen Markersignal und Belohnung.

Ich bringe ihn wieder in die Ausgangslage und schicke ihn einige Male in diese Richtung, dann mit entgegengesetzter Körpersprache in die andere, und zwar so lange, bis ich ihn beliebig nach rechts oder links schicken kann. Dann entferne ich mich zunehmend weiter vom Startplatz des Hundes, bis ich ihn auch mit 50 Meter und mehr Abstand dirigieren kann.

Das System lässt sich durch Signale für „Näher kommen“ oder „Weiter zurückgehen“ erweitern, sinnvollerweise ergänzt durch ein Pfeifsignal, mit dem ich den Hund ins Sitz beordern kann, um ihm dann neue Richtungsanweisungen zu geben. Die absoluten Apportierprofis haben dazu noch ein Pfeifsignal, das dem Hund sagt, er soll jetzt die Suche beginnen. Wer sich für derartige Feinheiten interessiert, dem empfehle ich einen Blick in die Literaturliste.

Einweisen im Wasser

Klappt das Einweisen an Land, übe ich es auch im Wasser. Natürlich fange ich wieder mit einfachen Aufgaben an, schicke den Hund also zunächst geradeaus auf einen sichtigen Dummy im Wasser. Dieser wird nun zunehmend weiter in Deckung geworfen, bis der Hund sich auch über die Wasserfläche ans andere Ufer leiten lässt.

Beim Training achte ich darauf, dass der Hund das Wasser an der von mir vorgegebenen Stelle annimmt. Will er sich einen anderen Einstieg suchen, breche ich den Versuch mit dem NRM ab und setze den Hund nach entsprechender Pause erneut an, gehe diesmal aber selbst näher mit ans Ufer. In schwierigen Fällen markiere und belohne ich schon die Annahme des Wasser an vorgegebener Stelle. Die Belohnung kann Futter sein oder ein erst jetzt geworfener Dummy zum Apport.

Lässt sich mein Hund auch ohne sichtigen Dummy sicher geradeaus ins und im Wasser schicken, lege ich nun einen Dummy weiter rechts oder links aus. Dabei achte ich einerseits auf die Windrichtung – der Hund soll keine Witterung vom Dummy bekommen, sondern sich durch meine Hilfe leiten lassen –, andererseits werfe ich den Dummy so aus, dass er auch nicht sofort sichtig für den Hund ist.

Voran!

Halt!

Zur Seite!

Nun schicke ich den Hund zunächst geradeaus ins Wasser und stoppe ihn dort mit dem Sitzpfiff. Er wird sich natürlich nicht hinsetzen, aber vermutlich wie gewohnt Blickkontakt mit mir aufnehmen. Nun schicke ich ihn mittels der bereits erlernten Signale in die gewünschte Richtung weiter, wo er relativ bald auf den Dummy oder eine Ente trifft.

FÜR HUNDE VON NICHTJÄGERN

Auch dies kann alles mit Dummys erarbeitet werden.

Freiverlorensuche

Bei der Freiverlorensuche soll der Hund ein unübersichtliches Gebiet auf ein für ihn nicht sichtbar gefallenes Stück Wild absuchen und dieses dann auch bringen.

Das übe ich, indem ich für den Hund zunächst sichtig einen Dummy oder ein Stück Wild in höheren Bewuchs werfe oder sichtig lege. Dabei achte ich darauf, dass bei den ersten Durchgängen für den Hund Gegenwind herrscht, denn dies fördert die natürliche Anlage zur systematischen Quersuche. Dieses Verhalten kann ich durch seitliches Mit- und Vorlaufen oder entsprechendes Einweisen noch unterstützen.

Hat der Hund die Arbeit begriffen, darf er beim Werfen nicht mehr zusehen. Damit er trotzdem sicher zum Erfolg kommt, lege ich in den ersten

Hier war die Freiverlorensuche erfolgreich.

Durchgängen mehrere Dummys oder Wild aus. Mit zunehmender Suchpassion werden es weniger und die abzusuchende Fläche wird größer.

Zum Abschluss lasse ich auch mit Seiten- oder Rückenwind suchen. Dem Hund steht es frei, von meinem Fuß weg die Suche zu starten oder das Feld zu umlaufen, um dann wie gehabt den Gegenwind zu nutzen.

FÜR HUNDE VON NICHTJÄGERN

Wie schon beim Thema Buschieren erwähnt, halten sich Wildtiere gern in entsprechend hoher Deckung auf. Schon deshalb sollte man als Nichtjäger dort mit seinem Hund nicht trainieren. Des Weiteren kann es durch den suchenden Hund zu Schäden in der landwirtschaftlichen Feldfrucht kommen, wie niedergewalzte Wiese oder abgeknickte Ähren. Für solche Schäden ist auch der Jäger haftbar und begleicht sie entsprechend. Da die Abrichtung von Jagdgebrauchshunden zur Jagdausübung zählt, muss der Landwirt sie und den folgenden Ersatz hinnehmen. Dies gilt aber nicht für Schäden, die aus der Beschäftigung von Familienhunden entstehen. Als Nichtjäger beschränkt man die Übung der Freiverlorensuche daher bitte auf grobe Schollenäcker, ausgemachte Äcker oder knöchelhohe Wiesen möglichst in Absprache mit dem Landwirt und Jagdberechtigten.

Die hier erarbeiteten Apportierleistungen reichen für deutsche Jagdverhältnisse völlig aus. Natürlich kann man auch das für die Retriever typische Marking anderen Rassen beibringen oder – wie beim Einweisen schon erwähnt – weit komplexere Apportieraufgaben stellen, wie sie auch auf entsprechenden Workingtests abgefragt werden. Wer daran Interesse hat, sollte sich entsprechende Literatur besorgen und sich Gleichgesinnten anschließen.

Zumindest für Retriever mit FCI-Papieren gibt es sehr anspruchsvolle Apportierprüfungen mit Dummys, an denen auch Nichtjäger problemlos teilnehmen können. Mittlerweile hat auch der BHV eine für alle Rassen offene Dummyprüfung erarbeitet.

Fuchsapport

Führe ich einen ausreichend kräftigen Hund, so kann ich auch den Fuchsapport einüben. Hierbei gebe ich aber zu bedenken, dass sich manche Hunde vor ihrem nicht allzu fernen Verwandten doch extrem ekeln und ihn partout nicht ins Maul nehmen wollen. Kann ich das mit allen hier beschriebenen Kniffen nicht ändern, so belasse ich es dabei.

Nicht jeder Hund ist dazu bereit, einen stinkenden Fuchs zu apportieren. Man kann es aber erst mal wie hier mit einem Dummy versuchen.

Der Apport eines stinkigen Fuchses ist es nicht wert, dass ich das Vertrauen und die Beziehung zu meinem Hund gefährde und mich durch einen Zwangsapport mit Gewaltanwendung als geeigneter Teamführer völlig disqualifiziere.

Die gesetzliche Brauchbarkeit lässt sich ohne Fuchsapport erreichen. Weitere Prüfungen dienen meinem Ego oder der Zuchtkarriere meines Hundes. Doch was kann mein Hund für mein Ego? Und was bitte soll ein Hund in der Zucht, der rassetypisch eigentlich keine Hemmungen am Raubwild zeigen sollte, es aber tut, was ich wiederum nur mit Zwang kaschiert habe? In beiden Fällen lautet meine Antwort: Nichts! In der Praxis kann ich Reineke auch selbst holen und tragen, nachdem mein Hund mich zu ihm geführt hat.

Den ersten Kontakt mit dem Roten hat mein Hund an der Hetzangel, für den Anfang reicht die Lunte, später hänge ich einen getrockneten Balg an. Auch mit einem sauber geschossenen Jungfuchs kann ich versuchen, meinen Hund zum Einbeißen und Zerren zu animieren. Bleibt er bei diesen Versuchen sehr zögerlich, so belohne ich jeden Versuch fürstlich: ein guter Brocken frisches Rehwildbret, eine Scheibe Braten, so in dieser Qualitätsstufe – eben das, wofür mein Hund alles geben würde.

Genau wie beim normalen Apportiertraining baue ich das Greifen in ganz kleinen Schritten zu einem sauberen Bringen aus, erst mit der Lunte, dann mit dem um eine Strohgabe gewickelten Balg. Auch den nächsten Fuchs balge ich ab, aber diesmal lasse ich Läufe und Gesichtspelz dran und stopfe das Ganze mit Stroh aus. Lagert man diesen Strohfuchs luftig und trocken, kann man ihn ziemlich lange verwenden.

Arbeitet mein Hund zuverlässig mit diesem Teil, biete ich ihm erneut den schönen Jungfuchs an. Natürlich wird weiterhin angemessen belohnt. Es folgen Altfüchse und schlecht geschossene Füchse, wobei ich besonders bei Letzteren nie auf einen Apport bestehen würde.

Carl bringt mit Begeisterung den Strohfuchs.

Für einen kräftigen Rüden ist das Tragen von 5 Kilogramm kein Problem.

Schwerapport

Für die Prüfungen muss der Fuchs mindestens 3,5 kg wiegen, in der Praxis wäre das ein absolutes Leichtgewicht. Also muss ich die Hals- und Rückenmuskulatur meines Hundes trainieren. Dazu eignen sich mit Sand befüllbare Apportiersäcke, deren Gewicht man durch Zugabe von weiterem Sand erhöhen kann.

Der Vorteil dieser Säcke gegenüber Apportierhölzern, die man mit Eisengewichten erschwert, ist der, dass so ein Sack dem Hund vor den Füßen baumelt und ihn zu einer angepassten, erhobenen Haltung zwingt. Außerdem kann ein solcher Sack dem Hund nicht schmerzhaft auf die Pfoten fallen, wenn er ihn einmal fallen lassen sollte. Einen solchen Sack lasse ich den Hund über immer längere Strecken regelmäßig apportieren und nach und nach erhöhe ich das Gewicht.

Hindernisse

Zu den Fuchsfächern in den Prüfungen zählt auch der Apport über Hindernisse, bestehend aus einer Hürde oder einem Graben. Selbstverständlich lernt mein Hund, diese zunächst ohne etwas im Maul zu überwinden. Manche Hunde sind begeisterte Springer, andere müssen mit kleineren Hindernissen, die wir vielleicht auch gemeinsam erobern, aufgebaut werden.

Erst wenn mein Hund sicher springt, gebe ich ihm die ersten Dinge zum Apportieren mit: zunächst leichte Dummys, dann kleines Niederwild, dann den Apportiersack und zum guten Schluss auch einen schweren Fuchs. Mit Hindernissen kann ich auch die normalen Apportierarbeiten aufpeppen. Am Tag der Prüfung ist es für den Hund dann vollkommen selbstverständlich, sie zu überwinden.

Bringtreue

Bei der Bringtreue will man sehen, dass der Hund jeden zufällig gefundenen Fuchs ohne Aufforderung seinem Menschen zuträgt. Habe ich das Training wie beschrieben aufgebaut, wertet mein Hund Wild als eine Art Tauschwährung. Einen Fuchs kann man bei mir immer gegen eine ganz besonders tolle Belohnung tauschen. Solch einen Fund lässt mein Hund natürlich nicht liegen.

Für die Prüfung sichere ich mich jedoch zusätzlich ab. Schließlich will ich, dass mein Hund sich auf die Fuchssuche konzentriert und nicht plötzlich in den Stöbermodus wechselt. Entsprechend übe ich die Bringtreue ähnlich einer Freiverlorensuche. Nur darf ich den Hund nicht offensichtlich zum Apport schicken, daher sind entsprechende Hörzeichen tabu. Doch mit anderen Ritualen kann ich das Verhalten natürlich genauso gut auslösen.

Clara wuchtet den Fuchs über das Hindernis.

Ich lasse meinen Hund, bevor ich ihn in den Wald schicke, kurz an meiner Handfläche riechen, in der ich gerade noch frische Wildbret vom Reh (oder was ich sonst als Belohnung für den Fuchsapport gebe) hielt. Dann weiß er, was zu tun ist, nämlich einen Fuchs zum Tauschen finden und bringen. Das Mitführen von Belohnungen ist laut Prüfungsordnungen nicht untersagt.

Der Hund lernt, in größer werdenden Kreisen um mich herum zu suchen. Zu Beginn liegt der Fuchs zwischen 10 und 20 Meter von mir entfernt; dann steigt der Radius des möglichen Fundortes schrittweise an auf bis zu 100 Meter. Dabei liegt der Fuchs aber immer in der Hälfte, in die ich den Hund schicke.

Auch wenn ich zur Prüfung etwas mit dem Ritual trickse, wird mein Hund durch das doch sehr intensive Apportiertraining in dieser Arbeit passioniert.

FÜR HUNDE VON NICHTJÄGERN

Entsprechend große und kräftige Hunde können auch ohne Fuchsbalg den Schwerapport zur weiteren Kräftigung üben. Hindernisse können bei allen Apportierübungen eingebaut werden. Bringtreue-Übungen in unterholzreichen Waldgebieten sollten jedoch nicht durchgeführt werden, denn die Gefahr, dort unnötig Wild zu stören und den Hund zur Jagd zu verleiten, ist zu groß.

Nachsuche auf Niederwild

Schon bei der Anlagenförderung der Nasenarbeit, des Bringens, der Wasser- und Dornengewöhnung hat mein Hund viele Erfahrungen mit diversen Schleppen und Spuren gesammelt. Jetzt setze ich all dies auch mit Schleppwild um. Dabei verwende ich für die Herstellung und zum Apportieren nur ein und dasselbe Stück. In der Praxis möchte ich auch nicht, dass ich meinen Hund auf die Nachsuche von Stück A ansetze und er mir dann einfach das zufällig im Weg liegende Stück B bringt. Woher soll ich dann wissen, dass A noch nicht zur Strecke gekommen ist?

Patch bringt die Henne vom Schleppende.

Außerdem ist mein Hund so auch nicht versucht, in der Prüfung zu zufällig anwesenden Personen zu laufen, weil die vielleicht ein Stück Wild für den Apport dabei haben könnten, wie es der Fall ist, wenn mein Hund öfter beim Schleppenzieher anlangt und der ein zweites Stück dort liegen hat.

In der Praxis wird mein durchs Training bringfreudiger Hund nach Abgabe von Stück A sehr wahrscheinlich eigenständig auch Stück B noch holen.

■ An Land

Bei der Schleppenarbeit an Land baue ich zunehmend mehr Schwierigkeiten ein. Die Winkel werden spitzer, die Schleppen und ihre Standzeiten immer länger, die Ablenkungen größer. Möchte ich mich an Langschleppenprüfungen beteiligen, dann sollten irgendwann zwei Kilometer mein Ziel sein. Mein Hund sollte sich nicht durch die Nähe von Siedlungen, Spaziergänger oder deren Hunde oder abspringendem Wild beeinflussen lassen.

Doch auch ein Hund, der keine solchen Langschleppen besteht, kann in der Praxis ein sicherer Verlorenbringer

FÜR HUNDE VON NICHTJÄGERN

Auch für diese Hunde kann man die Schleppen schwieriger und länger gestalten. Aber je unübersichtlicher oder länger der Verlauf wird, desto eher sollte es unbedingt in Absprache mit dem Jagdausübungsberechtigten erfolgen. Denn je nach Landesgesetzgebung kann ein suchend allein angetroffener Hund als wildernd gelten!

werden. Denn dann geht es um lebendiges, warmes, krankes Wild – eine Witterung, welche die Urinstinkte eines Beutegreifers weckt. Wirkliches Können ergibt sich wie in allen Fächern nur durch ausreichenden Praxiseinsatz.

Im Wasser

So, wie ich bereits mit dem Entendummy Tropfspuren erzeugt habe, mache ich es nun auch mit der Ente selbst. Spannende Arbeiten ergeben sich, wenn ich auch mal über ein kleineres, stehendes Gewässer hinüberwerfe und dann von dort noch ein Stück schleppe. Denn in der Praxis kommt es durchaus vor, dass die geflügelte Ente anlandet und dort ins Schilf oder andere Deckung flüchtet.

Carl apportiert korrekt aus dem Wasser.

Alle weiteren Tricks und Kniffe, die flüchtendes Wasserwild anwendet, wie auch das Wegtauchen kann mein Hund dann nur noch in der Jagdpraxis lernen, auf die er aber so doch recht umfassend vorbereitet ist.

FÜR HUNDE VON NICHTJÄGERN

Mit den schon beschriebenen Einschränkungen der Arbeit am Schilf kann auch für solche Hunde eine interessante Suchaufgabe rund um ein Gewässer gestellt werden.

Nachsuche auf Schalenwild

Mit dem etwa halbjährigen Hund steige ich nun von den spielerischen Vorübungen immer mehr in die ernsthafte Arbeit ein. Jetzt sollte er schon das freie Ablegen kurz vor dem Anschuss beherrschen. Seine Körperkraft reicht, einen leichten Schweißriemen zu ziehen.

Ich verlängere jetzt immer deutlicher die zu suchende Strecke, dabei lege ich die Dosen weiter auseinander und nutze auch noch mehr davon. Ziel sind etwa 700 Meter mit einem Jahr. Die Standzeit beträgt regulär mindestens zwölf Stunden, darf aber besonders bei entsprechend veranlagten Rassen wie Bracken oder gar Schweißhunden auch schon früher deutlich höher sein. Der Hund zeigt mir durch sein Suchverhalten, ob er sich angemessen gefordert fühlt.

Habe ich die Schwierigkeitsgrade langsam und kleinschrittig erhöht und der Hund fängt plötzlich an, unkonzentriert zu suchen, sich für alles mögliche andere nebenher zu interessieren, dann ist er vermutlich gelangweilt, also unterfordert. Wirkt er hingegen sehr aufgeregt, aber bemüht, wird zunehmend hektisch oder im Gegenteil lustlos, dann ist er meist eher überfordert und zunehmend frustriert. Je nachdem ändere ich die Anforderungen für die nächsten Übungen.

Im Rahmen der Arbeit mache ich meinen Hund mit den verschiedensten Arten von Untergrund und Wetter bekannt. Außerdem ist es an der Zeit, die für die Schweißarbeit üblichen Signale zu verknüpfen. Sobald mein Hund die Fährte am Anschuss anfällt, ertönt mein leises „Such verwundt“.

Dobby schnüffelt den Anschuss ab.

Kommt er unterwegs von der Fährte ab, warte ich, bis er sich wieder einloggt, und kommentiere dies mit „Zur Fährte“. Hält mein Hund an einer Dose mit Verweiserbrocken an, heißt es „Halt, lass sehn“ und danach natürlich wieder „Such verwundt“.

Nun baue ich immer schwieriger Verleitungen in den Fährtenverlauf, kreuze Bachläufe oder Forstwege, lege rechte bis spitze Winkel, führe die Fährte durch Einstände und Suhlen. Dazu gewöhne ich den Hund an weitere Begleiter auf der Fährte.

Mit einem anderen Übungsaufbau schule ich zusätzlich das Verweisen. Ich lege eine Verweiserbahn an. Dazu verteile ich Pirschzeichen verschiedener Art und Größe, wie zum Beispiel Schweiß oder Knochen, im Gelände und markiere mir die Orte durch Bänder. Jetzt nehme ich meinen Hund samt Geschirr und Riemen und lasse ihn etwa 3 Meter vor mir laufen. In immer enger werdenden Kreisen gehe ich um ein solches ausgelegtes Stück und achte sorgsam auf die Körpersprache meines Hundes. Sobald er Witterung hat und anzieht, gehe ich unter seiner Führung zum Fundstück. Dort lobe und belohne ich ihn für diese Anzeige.

Mittels Shaping kann ich die Art und Dauer der Anzeige noch verfeinern. Ist sie für mich ausreichend eindeutig, belege ich das Verhalten mit dem Signal „Zeige mir“. Mein Schweißhund zum Beispiel hält seine Nase direkt an sein Fund-

Eywa beobachtet ihre Hundeführerin bei der Untersuchung des Anschusses.

Während das Geschirr angelegt wird, wittert Eywa schon Richtung Start.

Eywa untersucht ruhig und gründlich den Anschussbereich.

Mit tiefer Nase geht es vorwärts.

Schweiß am Ast wird verwiesen.

Eywa findet die frische Decke am Ende der Fährte.

Wildes Zergeln zur Belohnung.

Franz'l verweist einen Tropfen Schweiß.

stück. Jetzt lasse ich auch auf der Fährte die Döschen zunehmend fort und lege nur noch Verweiserbrocken aus, deren Anzeige ich belohne. Besonders intrinsische (das Verhalten löst ohne weitere Belohnung schon positive Gefühle beim Hund aus) Sucher wie Schweißhunde verweigern aber sehr schnell das Futter; ihre Belohnung ist das Weitersuchen-Dürfen.

Auch wenn mein Hund später nur „sichere" Totsuchen absolvieren soll, ist das Verweisen sehr wichtig. Gibt mir der Fund doch Aufschluss über die zu erwartende Trefferlage, lässt eine Einschätzung als Tot- oder Nachsuche unter Umständen erst zu.

ANMERKUNG FÜR FÜHRER VON ANGEHENDEN SCHWEISSSPEZIALISTEN

Diese Hunde müssen für ihre Arbeit ein sehr eigenständiges, selbstständiges Wesen bewahren. Sie müssen sich bei ihrer Arbeit bewusst gegen mich durchsetzen, intelligenten Ungehorsam zeigen oder wie man auch sagt: „Der Hund hat immer recht!" Dies klappt aber nicht, wenn ich ihn außerhalb der Praxis zu sehr führe und leite. Bei diesen Hunden beschränke ich mich auf das absolute Minimum und lasse sehr viel „Ungehorsam" durchgehen. Ich löse die Probleme, die sich durch diesen eher partnerschaftlichen Umgang ergeben, durch entsprechende Managementmaßnahmen.

Das beschriebene Training reicht mit entsprechender Standzeit und Länge, um einen Hund über die leichteren „Schweißprüfungen" im Rahmen von Brauchbarkeit oder VGP zu bringen, aber auch um sich eine VSwP, SP oder VP zu erarbeiten. Jedoch reicht dieses Training, selbst mit bestandener Prüfung, unter diesen Umständen nur für „sichere" Totsuchen. Wer ernsthaft Nachsuchen will, der muss weit mehr von sich und seinem Hund verlangen. Dazu gibt es entsprechende Literatur und Kurse, die von Schweißhundeführern abgehalten werden.

FÜR HUNDE VON NICHTJÄGERN

Sie können auf komplizierte Futterschleppen extremer Standzeit eingearbeitet werden oder sich im Mantrailing oder Pettrailing, die Suche nach Personen oder entlaufenen Haustieren, spezialisieren.

Prüfungen

Wenn ich Prüfungen mit meinem Hund anstrebe, besorge ich mir sehr frühzeitig die zugehörige Prüfungsordnung. Diese lese ich mir mehrfach durch, bis ich alle Anforderungen im Detail verstanden habe und mir alle Regeln bekannt sind. Bei Fragen wende ich mich an versierte Hundeführer, die diese Prüfung schon abgelegt haben, oder an entsprechende JGHV-Richter. Dann bereite ich mich und meinen Hund gründlich auf die Prüfung vor; für viele gibt es auch entsprechende Seminare.

Rechtzeitig vor dem Termin organisiere ich alle benötigten Utensilien, sortiere alle Unterlagen wie Ahnentafel, Impfausweis, Jagdschein und was sonst angegeben ist zusammen, auch die Prüfungsordnung nehme ich vorsichtshalber mit.

Wird Schleppwild benötigt, so lege ich mir besonders schöne, sauber geschossene Exemplare für diesen Tag zurück. Ich taue sie zur passenden Zeit auf und transportiere sie gut gekühlt und einzeln in Zeitungspapier eingewickelt. Ist der Prüfungsort weiter von meiner Heimat entfernt, fahre ich schon am Vortag dorthin, damit ich durch mögliche Verkehrsproblemen nicht schon zu Beginn der Prüfung gestresst bin oder gar zu spät komme. Auch der Hund kann sich so nach langer Fahrt entspannen und eingewöhnen.

Vor Beginn der Prüfung gehe ich ausgiebig spazieren, damit sich der Hund lösen kann. Bin ich selbst ein sehr aufgeregter Prüfling, so mache ich meinen Hund mit diesem Umstand schon vorher bekannt, indem ich mit ihm Prüfung simuliere oder an für uns unwichtigen Prüfungen wie der sportlichen Begleithundprüfung oder Hundeführerscheinprüfung teilnehme. Es wäre schade, wenn mein Hund durch meine Prüfungsangst eine wichtige Zuchtprüfung versiebt. Und da ich die meisten Jagdhundeprüfungen nur zwei Mal versuchen darf, ziehe ich einen Wackelkandidaten lieber zurück und zahle das Nenngeld als Reuegeld, bevor ich später bereue, geführt zu haben

Jagdliches Problemverhalten

Wenn ich mir einen Welpen zulege und alles glatt läuft, brauche ich dieses letzte Kapitel nicht. Aber was tun, wenn mein Hund sich durch einen dummen Zufall oder meine frühere Unwissenheit ein Problemverhalten angewöhnt hat oder ich ihn schon mit solchem behaftet übernommen habe? Im Folgenden sind die häufigsten jagdlichen Problemverhalten samt Lösungsmöglichkeiten aufgeführt.

Schussscheu

Bei Schussscheu muss ich unterscheiden zwischen angeborener und erworbener Scheu. Bei einem angeborenen Problem kann ich mit viel Glück durch Training erreichen, dass der Hund nicht mehr panisch flieht, wenn es knallt. Aber er wird nie sicher und entspannt sein. So einem Hund mute ich keine Jagd zu.

Aber auch bei erworbener Scheu kann es sein, dass ich keine oder nur noch minimale Besserung erreiche. Das hängt davon ab, wie tief die unangenehme

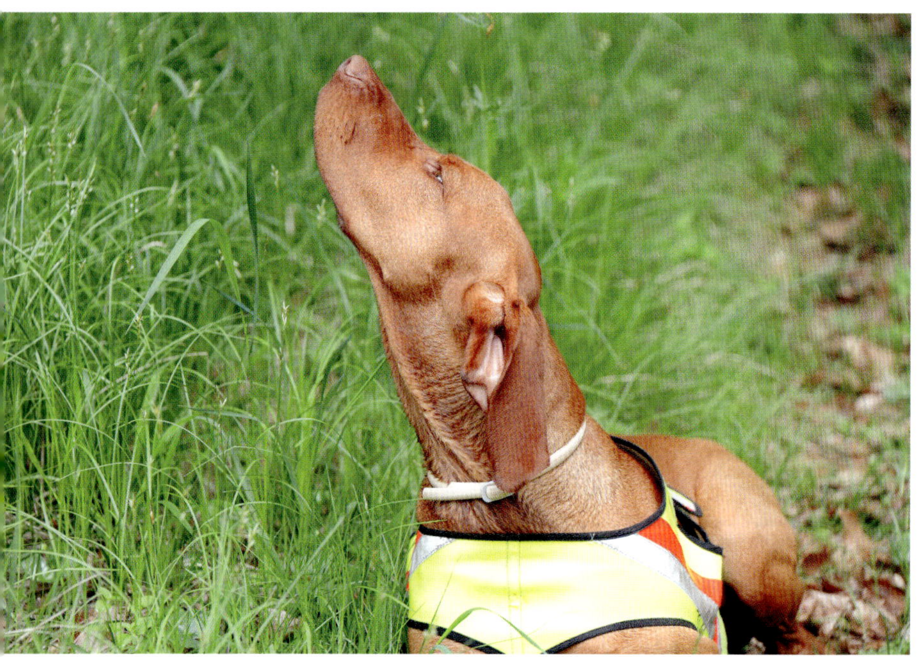

Im Idealfall bleibt der Hund auch nach dem Schuss ruhig und gelassen.

Verknüpfung mit dem Schuss sitzt. Beim Training arbeite ich haarscharf an der Toleranzgrenze des Hundes und belaste ihn nur so stark, dass er den Reiz zwar wahrnimmt, ihn aber noch gut ertragen kann. Dabei beginne ich mit einer Gewöhnung und verknüpfe dann den so noch erträglichen Reiz mit angenehmen Konsequenzen. Beute an einer Hetzangel oder Hasenzugmaschine ist dafür sehr geeignet.

Zum Einstieg eignen sich 6-mm-Platzpatronen, die ein Helfer in genügend großer Entfernung abfeuert, während der Hund seine Beute verfolgt. Nach und nach wird der Reiz intensiver, dabei muss aber immer auf die Reaktion des Hundes geachtet werden; er muss sich wohlfühlen. Später übe ich mit lauteren Patronen erneut auf größerer Distanz.

Lässt der Hund sich durch den Knall während der Hatz nicht mehr irritieren, ändere ich den Ablauf: Mit dem Knall beginnt die Hatz. In der Folge wird der Knall zur Vorhersage des freudigen Erlebnisses, der Hund wird nach und nach schusshitzig. Erst wenn der Hund zumindest während der Hatz einen Schrotschuss in weniger als 30 Metern Entfernung erträgt, wage ich es, auch Wild vor ihm zu schießen. Probiere ich dies zu früh, kann es passieren, dass der Hund nicht nur schuss-, sondern auch noch wildscheu wird, weil er die unangenehme Wirkung des Schusses mit der Anwesenheit von Wild verknüpft. Habe ich eine bemerkbare Schusshitzigkeit erzeugt, hat der Hund seine Scheu überwunden und ich reduziere nun wieder die Hitzigkeit auf Normalmaß.

Sollte mein Hund schon auf den Anblick meiner Waffe oder das Anbacken mit ängstlichem Verhalten reagieren, weil dies sichere Vorhersagezeichen sind, dass gleich ein unangenehmer Schuss fallen wird, so gewöhne ich ihn auch an diesen Anblick.

Wann immer möglich, ist die Waffe dabei, wenn ich mit dem Hund agiere. Selbst bevor es Futter gibt, hole ich die Waffe aus dem Safe, hänge sie mir um, bereite das Fressen zu und stell es hin. Kann mein Hund unter diesen Umständen entspannt fressen, ziehe ich mich etwas zurück und hantiere mit der Waffe, öffne und schließe sie aber noch nicht. Das probiere ich erst, wenn der Hund das einfache Hantieren gut erträgt.

Immer wenn mein Hund mit Beschwichtigungssignalen oder Meideverhalten reagiert, gehe ich in meinen Anforderungen deutlich zurück. Ziel ist es, dass es meinem Hund egal ist, ob und wie ich mit der Waffe agiere, sondern er sie eher als Zeichen für freudige Ereignisse wie Futter, Spielen, Reviergang ansieht.

Schusshitzigkeit

Schusshitzige Hunde haben gelernt, dass nach dem Schuss meist lustvolle Arbeit auf sie wartet. Der Knall erregt sie extrem positiv, sie wollen sofort losstürzen. Werden sie nun zurückgehalten oder gar noch gemaßregelt, erzeugt dies weiteren Frust, der die Unruhe eher steigert.

Während ich bei schussscheuen Hunden die Waffe und den Knall mit positiver Erregung verknüpfen möchte, so ist hier das Ziel, sie bedeutungslos zu machen. Entsprechend agiere und hantiere ich auch beim schusshitzigen Hund, wann immer möglich, mit der Waffe, verknüpfe sie aber nicht gezielt mit Futter oder Spiel. Ob ich die Waffe dabei habe und ob ich sie öffne, schließe oder in Anschlag bringe, soll für den Hund irrelevant werden.

Gleiches gilt für den Knall. Ich suche mir ein gemütliches Plätzchen in der Nähe eines Schützenvereins. Dabei wähle ich den Abstand so, dass mein Hund zwar aufmerkt, wenn es knallt, sich aber nicht über die Maßen erregt. Dort verweile ich selbst vollkommen entspannt und kommentiere jedwede Entspannung (siehe auch „Entspannung lernen“) seitens meines Hundes positiv und belohne ihn mit Futter. Beutespiel ist weniger geeignet, da es den Hund eher erregt, und genau das will ich ja in diesem Moment nicht.

Reagiert mein Hund bei der gewählten Distanz nicht mehr auf die Schüsse, verkürze ich beim nächsten Training den Abstand zum Schießplatz.

Im eigenen Revier kann ich auch eine Schreckschusswaffe mitführen und immer mal wieder beim gemeinsamen Pirschen abfeuern. Sollte die Reaktion des Hundes noch zu heftig ausfallen, dann beauftrage ich damit eine Begleitperson, die mit entsprechendem Abstand folgt und diesen nur verkürzt, wenn der Hund nur noch mäßig auf den Knall reagiert. Nach einem Schuss passiert nichts Spannendes oder Aufregendes für den Hund.

Ich kann sogar so weit gehen, dass ich nach einem Knall so lange an Ort und Stelle bleibe, bis der Hund sich beruhigt und entspannt ablegen lässt. Erst danach geht es weiter mit dem Pirschgang. So merkt der Hund, dass er mit Unruhe nichts erreicht und nur Entspannung ihn weiterbringt.

Wichtig ist, dass ich selbst immer ruhig und entspannt mit dem schusshitzigen Hund agiere. Ich kann nicht verlangen, dass dieser sich zusammenreißt und beruhigt, wenn ich selbst ihn hoch erregt anblaffe. Beim schusshitzigen Hund achte ich besonders darauf, dass ich ihn auch in Zukunft nie arbeiten lasse, wenn er noch unruhig nach dem Schuss ist. Zudem folgen jeder Arbeit nach einem Schuss einige Wiederholungen, bei denen der Hund auf den Schuss nichts tun soll, außer sich mit mir zu entspannen.

Knautschen

Knautschen beim Apport ist meist ein Zeichen von Stress, oft ausgelöst durch falsches Training. Wie ich damit umgehe, ist unter „Aufnehmen von Dummys" beschrieben.

Anschneiden

Anschneiden ist aus Hundesicht die logische Konsequenz jeder Jagd. Hunde jagen ursprünglich, um Beute zum Fressen zu haben.

Anschneidender Apporteur

Anschneider apportieren Nichtfressbares meist einwandfrei, werden aber bei Wild, besonders warmem, extrem in Versuchung geführt. Reagiere ich auf das Anschneiden mit additiven Sanktionen, erziehe ich mir unter Umständen einen Knautscher oder auch Totengräber, denn der Hund bekommt Stress und sichert seinen Fund im Zweifel lieber vor mir.

Einen Anschneider oder Totengräber arbeite ich zunächst nie nüchtern. Hunger verstärkt nur die Motivation zum unerwünschten Verhalten.

Als ersten Schritt übe ich das ruhige Halten eines gefüllten Futterdummys, aus dem ich den Hund nach gelungener Übung jeweils belohne. Hält mein Hund den Futterdummy ruhig, bewege ich mich um ihn herum, gehe für wenige Sekunden außer Sicht, erscheine wieder, lasse mir den Dummy geben, belohne daraus.

Nach und nach verlängere ich die Zeit, die ich außer Sicht gehe. Versucht der Hund, den Dummy zu öffnen, fange ich wieder bei Null an. Kommt mir der Hund mit dem Dummy nach, kommentiere ich dies wohlwollend, bringe ihn zum Ausgangsort zurück, lasse mir den Dummy geben und belohne dort. Mein Augenmerk liegt auf „Nichtanschneiden"; „unversehrt Bringen" ist also kein wirklicher Fehler.

Kann ich meinen Hund mehrere Minuten mit dem Futterdummy gefahrlos allein lassen, wechsle ich auf kaltes Wild. Sollte dies schon zu schwierig sein, umwickle ich den Griffbereich mit einem Stofftuch. Zum Tausch muss ich jetzt wirklich hochwertige Belohnungen bieten. Erst wenn ich den Hund auch mit dem Wild einige Sekunden aus den Augen lassen kann, fange ich an, zwischen normalen und besonders guten Belohnungen variabel zu wechseln. Mein Hund soll die Chance auf einen Jackpot haben, dies kann auch der gefüllte Napf sein. Klappt das Training mit kaltem Wild, kommt nun auch warmes zum Einsatz.

Anschneidender Stöber- oder Schweißhund

Anschneiden ist beim Schweißhund eigentlich gar kein wirkliches Problem. Denn entweder, er kommt mit mir am Riemen zum Stück, dann bin ich direkt dabei, oder er hetzt ein krankes Stück zu Stande oder würgt schwächere ab, auch da bin ich regulär sehr schnell am Ort des Geschehens. Zudem lässt sich darüber streiten, ob ein Schweißhund beim Anschneiden tatsächlich einen Wildbretverlust verursacht, wäre das Stück ohne seinen Einsatz doch komplett verludert.

Die in verschiedenen Prüfungsordnungen vorkommende Anschneideprüfung mit dem am Stück abgelegten Hund sagt weniger über seine Tendenz zum Anschneiden aus als über seinen Ausbildungsstand im Fach sichere Ablage unter Ablenkung. Sie ist aber eine mögliche Übung, um das Anschneiden abzugewöhnen bzw. gar nicht erst aufkommen zu lassen.

Dazu lege ich den Hund neben einem frisch geschossenen Stück Schalenwild ab. Für den Anfang achte ich darauf, dass der Wind dabei vom Hund zum Stück weht und nicht umgekehrt; das macht es erst mal leichter. Dann entferne ich mich etwas. Will der Hund sich erheben und dem Stück nähern, breche ich dies mit dem „ah-ah “ ab und bringe ihn zurück auf seinen Platz. Bleibt er brav liegen, lobe und belohne ich ihn.

In den weiteren Trainingsschritten begebe ich mich zunehmend länger außer Sicht, beobachte den Hund dabei aber unauffällig über einen Spiegel, durch einen Türspion, ein Fenster oder Ähnliches, damit ich sofort eingreifen kann, sollte der Hund sich für das Stück interessieren. Ziel ist es aber, die Dauer so langsam zu erhöhen, dass der Hund möglichst keinen Fehler macht.

Klappt es mit längerem Ablegen, geht es weiter mit dem Hund im Freilauf, während ich mich mit dem Stück Wild beschäftige. Hält der Hund ausreichend Abstand, wird er immer mal wieder gelobt und belohnt. Nähert er sich an, folgt die Grenze durch „ah-ah“ und eventuell auch ein körpersprachlicher Block. Hält der Hund sicher Abstand, gehe auch ich wieder zunehmend auf Entfernung und in Deckung und reagiere, wie vorher beschrieben.

Kann ich meinen Hund so auch über mehrere Minuten mit einem Stück Wild allein lassen, folgt der letzte Schritt: Mein Hund kommt ohne mich an ausgelegtes Wild. Ich stehe allerdings in Deckung, bereit einzugreifen. Da der Hund nun für ihn überraschend auf das Wild trifft und ich es noch nicht als „meins“ gekennzeichnet habe, wird er vermutlich näher herangehen und es untersuchen. Das lasse ich auch zu, ebenso, dass er es vielleicht kurz beleckt. Aber sobald er seine Zähne einsetzt, komme ich zum Vorschein mit meinem „ah-ah“ und schicke ihn vom Stück weg.

Bei bereits eingefleischten Anschneidern hingegen unterbinde ich schon ein Belecken. Hier kann es auch sein, dass diese Trainingseinheiten allein nicht ausreichen, dass der Hund akzeptiert, dass totes Schalenwild prinzipiell tabu ist. Hier müssen eventuell anonyme Sanktionen ausreichender Stärke erfolgen, um den Hund nachhaltig zu beeindrucken – anonym deswegen, weil der geübte Anschneider regulär eine hohe Motivation für sein Verhalten hat und sein Tun auch dann unterlassen soll, wenn er allein auf weiter Flur ist.

Carl zögert mit dem Bringen. Sollte dies öfter auftreten, müsste die Ursache gefunden werden, bevor er zum Totengräber wird.

Wie genau eine Sanktion für den einzelnen Hund aussehen muss, damit sie wirksam ist, muss individuell entschieden werden. Ein solches Vorgehen ist natürlich nicht positiv motivierend. Leider gibt es auch kein mit dem Anschneiden inkompatibles Ersatzverhalten, das ich als Alternative antrainieren könnte. Denn so etwas wie Totverbellen oder Verweisen macht im Rahmen einer Stöberjagd keinen Sinn.

Handelt es sich beim anschneidenden Hund um einen Allrounder, der neben gelegentlichen Stöbereinsätzen ausreichend andere jagdliche Arbeiten hat, die er ordentlich ausführt, dann kann ich auf einen weiteren Einsatz in diesem Fach und somit auf die Korrektur verzichten. Handelt es sich aber um einen Stöberspezialisten, der anschneidet, dann hieße dies, den Hund schon in jungen Jahren aufs Abstellgleis zu schieben. Nicht mehr jagen zu dürfen ist da sicherlich die schlimmere Konsequenz als ein durchdachtes Anti-Anschneide-Training.

Totengräber

Totengräber sind Hunde, die zu apportierendes Niederwild nicht zutragen, sondern vergraben. Ursache ist auch hier regulär ein Konflikt. Dabei will sich der Hund seine Beute entweder vor seinem Hundeführer sichern, damit er sie später fressen kann, oder er traut sich nur situationsbedingt nicht zu seinem Hundeführer, da dieser von fremden Menschen umgeben ist, die der Hund als potenzielle Konkurrenten um die Beute sieht.

Letzteres kann ich sehr gut trainieren, indem ich Hilfspersonen Schritt für Schritt näher zu mir und/oder an den Rückweg des Hundes positioniere. Sobald der Hund beim Reinkommen auch nur etwas zögert, drehen sich die Personen von ihm weg und gehen auch auf Abstand zu mir und der Laufstrecke des Hundes. Durch regelmäßiges Üben merkt der Hund bald, dass ihm niemand seine Beute streitig machen wird. Der Hund wird sicherer und sich am Ende auch durch die Hilfspersonen durchquetschen, um mir seinen Fund abzuliefern.

Mag mein Hund auch mir die Beute nicht bringen, sollte ich zunächst meine Körpersprache überprüfen – wirke ich bedrohlich, abweisend oder freundlich und einladend? Ist Letzteres gesichert, hat der Hund vermutlich nicht genügend Motivation, seine hochwertige Beute bei mir zu tauschen. Ich muss also mein Angebot deutlich verbessern und anfangs regelmäßig, später zunehmend variabel auch einen Jackpot springen lassen. Und nicht vergessen: Jagdliche Arbeiten erledigen zu dürfen, sind sehr wirksame Belohnungen!

Blinker

Blinker nennt man Jagdhunde, die Wild oder Wildwitterung absichtlich ignorieren. Dies kann passieren, wenn der Hund die betreffende Witterung oder Wildart mit unangenehmen Erfahrungen verknüpft. Inwieweit dies zu korrigieren ist, hängt von der Stärke der Verknüpfung ab, vergleichbar der erworbenen Schussscheu.

Ich versuche den Hund kleinschrittig neu aufzubauen. Jedes noch so geringe Interesse an dieser Wildart wird von mir sehr positiv belegt und das später gewünschte Verhalten, sei es Vorstehen, Apportieren oder Nachsuchen, vorsichtig daraus geformt. Anfangs übertreibe ich es, ebenfalls vergleichbar mit dem Training bei Schussscheu, auch zum Gegenteil, mache den Hund auf genau diese Wildart richtig heiß, lasse ihn an der Angel hetzen oder es vom Hund rausstoßen.

Manchmal kann es auch helfen, den für den Hund negativ besetzten Geruch mit einem sehr gern gearbeiteten Geruch zu kombinieren, damit er seine Scheu überwindet. Dies sollte aber sehr vorsichtig geschehen. Das Unangenehme sollte anfangs nur sehr fein im Hintergrund vorhanden sein, denn sonst könnte der gegenteilige Effekt eintreten und der Hund meidet plötzlich auch die ehemals begehrte Witterung, statt sich an die andere zu gewöhnen.

Es kann schließlich auch sein, dass der Hund damals so nachhaltig beeindruckt wurde, dass er diese Wildart dauerhaft meidet und aus Vorsicht auch alles, was künftig damit in Zusammenhang gebracht wird.

Blender

Blender sind Jagdhunde, die Wild oder Witterung anzeigen, wo gar keine ist, quasi waidlaut in der Körpersprache. Dies kommt gelegentlich bei jungen und oder wenig bejagten Hunden vor, wenn ich zu oft Ansätze von solchen falschen Anzeigen markiere und belohne. Durch intensivere Bejagung und Einschränkung des Lobes und der Belohnung auf sichere Anzeigen verschwindet dieses fehlerhafte Verhalten bald. Falsche Anzeigen werden von mir einfach ignoriert, der Hund zur Weitersuche oder zum Weitergehen aufgefordert.

Anhang

Sozialisierung und Gewöhnung

„Einmal ist keinmal, zweimal ist ein Trend und dreimal eine Gewohnheit!“ Ich muss also mehrfach den Hund mit verschiedenen Dingen konfrontieren, wenn er sie lebenslang positiv abspeichern soll. Dabei ist zu beachten, dass der erste Eindruck der prägendste ist, wie unter „Sensitivierung“ erläutert. Für den ersten Eindruck gibt es keine zweite Chance!

An folgende Eindrücke sollte mein Hund sozialisiert bzw. gewöhnt werden, wobei die Liste natürlich keinen Anspruch auf Vollständigkeit erhebt und jeder weitere Ideen anfügen kann. Wichtig ist, dass dem Welpen und später Junghund nichts passiert; er sollte möglichst keine negative Erfahrungen machen. Bei der Sozialisierung und Gewöhnung sollen sich alle Beteiligten möglichst so normal wie immer benehmen. Und auch wenn hier eine lange Liste steht, so ist diese in aller Ruhe im Laufe des ersten Jahres abzuarbeiten. Ich will meinen Hund nicht überfordern.

Menschen beiderlei Geschlechts

Wenn mein Hund Unsicherheit oder Angst vor bestimmten Personen zeigt, so übe ich mit diesen speziell. Zunächst sollen sie den Hund ignorieren, keinesfalls direkt ansehen. Der Hund ist frei, darf aber bei mir Schutz suchen. Ich interagiere mit diesen Menschen herzlich und gelassen. Keinesfalls darf ich nun selbst innerlich angespannt sein, denn dies merkt der Hund sofort. Die Person soll dem Hund entspannt, zunächst möglichst im Rücken Leckerchen anbieten, wobei ich eine Annäherung seitens des Hundes parallel mit dem Markersignal bestätige. Die Sozialisierung ist erfolgt, wenn der Hund entsprechende Personen ignoriert oder sich offensichtlich freut, ihnen zu begegnen.

Hunde

Bei der Sozialisierung mit Hunden ist Vorsicht geboten, auch in sogenannten Welpengruppen. Denn mein Hund soll weder die Erfahrung machen, dass er eine Art Spielzeug für die anderen ist, noch soll er glauben, selbst andere rumschubsen zu dürfen. Seine Spielpartner als Welpe sollten etwa gleich alt, gleich groß und ähnlich temperamentvoll sein. Aber natürlich gibt es auch Ausnahmen: Ein rücksichtsvoller Drahthaarwelpe kann durchaus für einen kleinen Draufgänger von Terrier ein toller Spielkumpel sein. Es muss halt passen und darf die körperliche oder seelische Gesundheit der Welpen nicht nachhaltig beeinträchtigen.

Spiel kann ich recht gut daran erkennen, dass die Rollen ständig wechseln. Mal ist der eine der Gejagte, dann der andere. Scheint mir ein Spiel zu grob, so unterbreche ich es und halte den vermeintlich Stärkeren fest. Kommt der vermeintlich Schwächere jetzt wieder zu ihm und fordert zum Balgen auf, dann war es Spiel und kann weitergehen. Zieht er sich aber zurück, so trenne ich diese beiden für die nächste Zeit.

Lieber halte ich meinen Hund von mir unbekannten Fremdhunden fern, statt zu riskieren, dass einer davon übertrieben heftig auf meinen Welpen oder Junghund reagiert. Sollte mein Hund vorher einige Warnungen des anderen missachten, sieht die Sache natürlich anders aus. Respekt vor Älteren muss gelernt werden. Ebenfalls Vorsicht ist geboten, wenn ich auf eine Gruppe Hunde treffe, die zwar prinzipiell allein sehr umgänglich sind, sich aber hier als Pseudomeute zusammengefunden haben. Wenn jetzt etwas aus dem Ruder läuft, ist ganz schnell die gesamte Gruppe beteiligt und nur die wenigsten Hundeführer bekommen ihre Hunde dann unter Kontrolle – der Horror für meinen Jüngling. Trotz dieser Warnungen darf ich aber nicht schon selbst unsicher werden, wenn ich mit meinem Hund anderen begegne! Die allermeisten sind normal verträglich.

Haustiere

Hier passe ich mich den eigenen familiären Gegebenheiten an. Eine Besonderheit stellen Katzen dar. Es empfiehlt sich prinzipiell eine Gewöhnung, da ich ihnen überall auch innerörtlich begegnen kann. Kaum etwas schadet dem Ruf mehr, als wenn mir der eigene Hund durchgeht, blindlings Straßen überquert, womöglich die Katze in ihre eigene Wohnung verfolgt und da gar noch abtut. Katzen in Ortsnähe haben überwiegend sie liebende Besitzer, das respektiere ich. Jagdschutzaufgaben hat mein Hund nicht ohne meine explizite Anweisung durchzuführen.

Nutztiere

Da Wanderwege im ländlichen Bereich durchaus quer über Höfe führen können und auch während einer Jagd mit Weidetieren oder Reitern zu rechnen ist, sollte ich meinen Hund unbedingt auch an Nutztiere gewöhnen, auch wenn ich selbst absolut städtisch lebe.

Wild

Auch hier passe ich mich den eigenen jagdlichen Gegebenheiten an. Alles, womit der Hund später häufig in Kontakt kommt, soll er bereits als Welpe oder Junghund kennenlernen, sei es durch frischen Balg oder Decke, ganze Stücke, Spuren, Geläufe, Sassen, wenn möglich auch lebendige Tiere während eines Revierganges. Hier kann auch die Reaktion eines dem eigenen Hund bekannten, versierten Althundes als Vorbild dienen. Aber Achtung, nicht dass es zu Reibereien wegen Beuteneid kommt! Alles später zu suchende und oder zu apportierende Wild kommt schon in der Ausbildung zum Einsatz.

Fahrzeuge

Kennenlernen sollte mein Hund möglichst viel und mitfahren oder begleiten primär das, was bei mir auch mal vorkommen kann – alle Hunde sollte jedoch Pkw und öffentlichen Nahverkehr kennen und daran gewöhnt sein.

Menschliche Umgebung

Sicherlich ist einiges für Hunde sehr stressig, daher sollte die Gewöhnung vorsichtig und langsam erfolgen, auch bei Hunden, die später eigentlich nicht mit ins Getümmel sollen, da ich nie hundertprozentig weiß, wie sich meine Lebensumstände in den nächsten zehn Jahren, die der Hund lebt, ändern können. Hat der Hund dann in jungen Jahren positive Erfahrungen mit diesen Bedingungen gemacht, fällt ihm eine Eingewöhnung deutlich leichter.

Räumlichkeiten

Auch hier finden sich Räumlichkeiten zur Übung, die ich meinem Hund nicht dauernd und täglich zumuten möchte. Dennoch sollte er auch daran gewöhnt sein – ein prinzipiell unauffälliger Begleiter ist grundsätzlich auch ein angenehmer.

Vor einem Rolltreppentraining muss mein Hund bereits gelernt haben, sich tragen zu lassen. Niemals darf er die Rolltreppe selbst betreten – schwerste Unfälle können die Folge sein! Wer sich das nicht vorstellen kann, weil er regelmäßig eigenständig Rolltreppe fahrende Hunde sieht, der lasse sich Bilder beim Tierarzt zeigen von Pfoten, denen durch die einlaufende Treppe die Haut abgezogen wurde.

Geräusche

Alle extremen Geräusche präsentiere ich – so weit möglich – erst aus größerer Distanz, schließlich will ich ein Erschrecken verhindern. Langsam nähere ich mich dann mit meinem Hund der Geräuschquelle, wobei ich selbst auf die Geräusche nicht achte und den Hund ebenfalls nicht darauf aufmerksam mache.

Optische Reize

Besonders bewegte optische Reize lösen bei jungen Hunden, speziell Jagdhunden, gern Beutefangverhalten aus. Doch während der Zeit des Erwachsenwerdens haben Hunde immer wieder auch Phasen, in denen sie sich plötzlich vor solchen Dingen erschrecken, besonders in der Dunkelheit. Ich selbst bleibe dann entspannt und lasse dem Hund Zeit zur Erkundung.

Untergründe

Der Hunde sollte an die verschiedensten Untergründe gewöhnt werden. Vieles ergibt sich hier ganz von allein. Ich achte aber immer darauf, den Hund nicht zu gefährden: Er darf nicht abstürzen, er darf sich nicht schmerzhaft klemmen und Gitter müssen so sein, dass sich keine Krallen verhaken und dann gar ausreißen.

Futter
Mein Hund bekommt von allem etwas, damit er später auch alles frisst. Allerdings sollte rohes Futter nicht mit gekochtem oder Fertigfutter gemischt in einer Mahlzeit gegeben werden, da es zu unterschiedliche Verdauungszeiten hat und so zu Magen-Darm-Problemen führen kann.

Glossar

Abtragen: Der Hund, der bis hierhin korrekt gearbeitet hat, wird von der Wildwitterung abgetragen, entweder beim Vorstehen oder bei der Schweißarbeit.
Autorität: Eine soziale Positionierung, die andere dazu veranlasst, sich nach ihr zu richten. Sie bedarf der freiwilligen Anerkennung anderer, sie ist also ein zweiseitiges Verhältnis.
Authentisch: Echtheit, wenn beide Aspekte der Wahrnehmung, unmittelbarer Schein und eigentliches Sein, als übereinstimmend bewertet werden.
Calming Signals oder **Beruhigungssignale**: Signale, die Hunde aussenden, um einen anderen von ihrer eigenen Harmlosigkeit zu überzeugen bzw. um ihn von weiteren Aggressionen abzuhalten. Sie wirken deeskalierend. Zu diesen zählen blinzeln, den Blick, Kopf oder auch Körper abwenden, schnüffeln, Lefzen lecken bzw. züngeln, gähnen, sich abducken – allerdings kommt es dabei immer auf den Kontext an. Ein gähnender Hund könnte auch müde sein. Innerhalb einer angespannten Begegnung ist es jedoch unwahrscheinlich, dass der Hund gerade kurz vor dem Einschlafen ist.
Canvasdummy: Ein Apportiergegenstand (Dummy) aus Canvas (grobem Leinentuch), als Standarddummy 500 g schwer, schwimmfähig, mit Kordel und Knebel zum besseren Werfen.
Delivery: Englisches Fachwort für den Teil des Apports, bei dem der Hund die Beute dem Hundeführer präsentiert, also die Abgabe oder Übergabe.
Despotisch: Tyrannische, willkürliche, mit Gewalt ausgeübte Herrschaft.
Differenzdressur: Bei der Differenzdressur wird der Hund viel durch körperliche Hilfen wie Herunterdrücken des Hinterteils oder Nach-vorne-Ziehen der Pfoten zum gewünschten Verhalten gebracht und dies dann belohnt; fehlerhaftes Verhalten wird durch Strafen wie hartem, schmerzhaften Leinenruck korrigiert. Hat der Hund ein Verhalten korrekt ausgeführt, wird er gelobt und oder belohnt.
Ersatzkonflikte: Statt mit extrem hoher Erregung am eigentlichen Konflikt zu arbeiten, wird zunächst an einem ähnlichen, aber weniger Erregung auslösendem

Ersatzkonflikt gearbeitet. Statt den Abruf am flüchtenden Wild zu üben, kommt zunächst der Abruf vom geworfenen Ball oder Ähnlichem.

Fehlverhalten: Ein vom Hundeführer in dieser Situation unerwünschtes Verhalten.

Futtertuben: Wieder befüllbare Tuben aus dem Trekkingbedarf, die mit püriertem Futter gefüllt werden, oder fertig abgefüllte Tuben mit Leberwurst, Fisch oder Ähnlichem aus dem Einzelhandel. Das Lutschen an einer Tube beruhigt viele Hunde.

Gehorsam: Eigentlich das Befolgen von Geboten und Verboten aufgrund von Einsicht. Dieses ist einem Hund nicht möglich! Ein „gehorsamer" Hund ist nicht gehorsam, sondern gut trainiert und ausgebildet! Er benimmt sich nur deshalb unseren Wünschen angepasst.

Gewalt: Die Anwendung von mehr Zwang, als zur Durchsetzung eigentlich nötig gewesen wäre. Oder auch die Anwendung von Zwang wie zum Beispiel körperlichen Einwirkungen, bevor der Hund ein Verhalten überhaupt kennt.

Härtenachweis: Die bezeugte, befugte Tötung von Raubwild, wildernden Katzen und Waschbären im Rahmen des Jagdschutzes durch einen Hund, bevor ein Erlegen mit der Schusswaffe durch den Jäger möglich war.

Irreversibel: Nicht mehr änderbar.

Jackpot: Eine besonders tolle Belohnung, die es nur gelegentlich gibt. Er kann aus besonders viel und/oder besonders gutem Futter bestehen, aber auch die Ausführung sehr beliebter Verhaltensweisen wie Jagen kann als Jackpot verwendet werden. In Experimenten konnte allerdings kein Unterschied in der Wirkung zwischen normalen Belohnungen und einem Jackpot festgestellt werden.

Marking: Der Hund merkt sich eine oder auch mehrere Fallstellen von beschossenem Flugwild über längere Zeit.

Parforcedressur/-ausbildung: So wurden Anfang des 20. Jahrhunderts Hunde ausgebildet. Man ließ sie ein Jahr alt werden und lehrte sie dann über Strafen mit Koralle, Gerte und Zwille, wie sie sich zu verhalten hatten. Belohnung war, dass sie nicht weiter traktiert wurden. Aus der Parforcedressur stammt das Konzept des bis heute noch oft angewandten Zwangsapport und des Zwangsdown.

Pirschzeichen: Schweiß, Knochen, Wildbret, Organteile, Schalenabdrücke und so weiter vom beschossenen Wild.

Problemverhalten: Ein gefährliches oder stark störendes Fehlverhalten.

Ressource: Ein materielles oder immaterielles Gut.

Reiz: Ein Reiz ist eine äußere Einwirkung auf eine Sinneszelle, die diese zu einer Reaktion bringt.

Schusshitze: Hunde, die auf einen Schussknall extrem freudig aufgeregt reagieren. Schusshitze ist meist Folge einer ungewollt festen Verknüpfung zwischen Knall und Beutemachen.

Schussempfindlich: Hunde, die auf einen Schussknall kurz schreckhaft oder eingeschüchtert reagieren, sich aber sehr schnell wieder beruhigen. Schussempfindlich-

keit kann erlernt sein, kann aber auch ein Hinweis auf eine Wesensschwäche sein.
Schussscheu: Hunde, die auf einen Schussknall extrem schreckhaft oder eingeschüchtert reagieren und sich kaum wieder beruhigen. Schussscheu kann erlernt sein, kann aber auch ein Hinweis auf eine Wesensschwäche sein.
Selbstbelohnendes Verhalten: Verhalten, das direkt die endogenen (innerlichen) Belohnungssysteme des Hundes aktiviert, wie die meisten Sequenzen des Jagdverhaltens. Aber auch Verhalten, auf das die Umwelt sehr zuverlässig mit Belohnung reagiert, wie Bellen am Gartenzaun und vermeintliche Eindringlinge wie Briefträger, Müllwerker und Passanten ziehen sich zurück; der Hund fühlt sich wieder sicher.
„Sichere“ Totsuche: Von einer vermutlich sicheren Totsuche (das beschossene Stück ist nach kurzer Flucht verendet) kann man dann ausgehen, wenn sich bereits am Anschuss größere Mengen Lungenschweiß oder Stücke vom Herzmuskel finden. Bei Rehwild deuten größere Mengen von Panseninhalt ebenfalls auf eine wahrscheinliche Totsuche. Hundertprozentige Sicherheit gibt es aber nicht. Sobald mit mehr als einer Totsuche zu rechnen ist, muss der eingesetzte Hund sicher hetzen und stellen bzw. bei schwachem Wild niederziehen können.
Stupseljagd: Bewegungsjagd in kleiner Gruppe auf entsprechend kleiner Fläche, oft rund um eine Dickung, mit wenigen Hunden in kurzer Zeit.
Taubenwerfer: Ein ferngesteuertes Gerät, in dem eine flugfähige Brieftaube sicher eingeschlossen ist, sodass der Hund der Witterung vorstehen kann. Per Fernauslöser kann die Taube unverletzt in die Luft geworfen werden und zum heimischen Schlag abstreichen. Der Hund kann so das Verhalten am abstreichenden Flugwild lernen, ohne dass man auf natürliche Wildvorkommen angewiesen ist. Sensible Hunde sollte vorher an die Geräusche der Maschine gewöhnt werden.
Vierläufer: Waidmännisch für Hund.
Wahlverhalten: Das vom Hundeführer für die spezielle Situation angestrebte Verhalten.
Wohlverhalten: Jedes aus Sicht des Hundeführers angepasste, wünschenswerte Verhalten.
Wesensschwäche: Liegt vor, wenn Hunde angeboren auf verschiedene normale Umweltreize regelmäßig außergewöhnlich heftig reagieren und oder sich nach zunächst aufregenden, aber eigentlich harmlosen Reizen nur schwer wieder beruhigen und dies auch mit entsprechendem Training nicht nachhaltig geändert werden kann. In vielen Fällen äußert sich dies durch Angst bis Panik, in anderen durch Aggression. Ein Hund, der in allen Lebenslagen normal und ausschließlich auf laute, impulsartige Geräusche negativ reagiert, ist sehr wahrscheinlich nicht wesensschwach, sondern hat entweder ein sehr empfindliches Gehör (viele Collies) oder eine ungewollte Verknüpfung (Knall = Schmerz).
Zwang: Nachdrückliche Beeinflussung der Entscheidungs- und Handlungsfreiheit.

Zum Schluss

Ich hoffe, ich konnte einen guten Überblick über das positiv motivierende Training geben. Nicht jede Übung habe ich bis ins Kleinste zerlegt, aber das System sollte dennoch klar sein und jeder sich, wenn nötig, kleinere Schritte überlegen können. Sicherlich gibt es noch weitere, hier nicht beschriebene Herangehensweisen an verschiedene Ausbildungsziele.

Ebenfalls war es nicht möglich alle „wenns“ und „abers“ bezüglich möglicher Schwierigkeiten der diversen Teams zu berücksichtigen – der Buchumfang war leider begrenzt. Trotzdem sollte es für den Erstlingsführer möglichst viel abdecken. Wer bestimmte Themen vertiefen möchte, findet im Anhang eine Literaturliste.

Bei der Zusammenstellung der Trainingsziele sollten zwar Rassezugehörigkeit und künftiges Einsatzgebiet im Auge behalten werden, aber schlussendlich gibt das jeweilige Individuum mit seinen persönlichen Stärken und Schwächen vor, was erreichbar ist und was nicht. Entsprechend bitte ich die verwendeten Fotos wahrzunehmen – erwarten Sie von Ihrer Bracke nicht, dass sie wie Carl aus dem Wasser apportiert, er ist ungewöhnlich wasser- und bringfreudig. Gehen Sie nicht davon aus, dass jeder Vizsla so ruhig und konzentriert auf der Schweißfährte läuft wie Eywa, ihre Mutter ist bestätigtes Nachsuchengespann und so weiter.

Hier mein Dank an alle, die zum Gelingen dieses Buches beigetragen haben:

Ich danke meinem Mann Andreas für seine Unterstützung und seinen Hunden Basko und Carl, die ich über VGP bzw. VPS führen durfte, meiner Mutter Beatrix für die Verpflegung während der Schreibphase, Patrick und Sandra für die schöne Unterkunft, meiner Lektorin Gabriele, den Mitwirkenden bei den Fotoshootings Britta, Kim, Martina, Sabine, Sylvia, Ursi, Bernd, Ernst, Josef, Klaus, Mark und den Hunden Adrasta, Asko, Aura, Bana, Balko, Basko, Birka, Carl, Clara, Csillag, Daika, Dobby, Duhai, Emma, Eywa, Franz'l, Gana, Jimmy, Kimba, Lilly, Morten, Nera, Nestor, Patch, Paula, Pius, Ronja, Ronja, Scooby, Tussi sowie dem Große-Münsterländer-Zwinger „vom Löwenberg“, dem Brandlbracken-Zwinger „vom Wodanshain“, dem Deutsch-Kurzhaar-Zwinger „von der Franzenruh“ und Bea für gespendete Fotos.

Literatur

Abrantes, Roger: **Hundeverhalten von A-Z.** Kosmos, Stuttgart 2005.

Beck, Elisabeth: **Wer denken will, muss fühle.** Kynos, Nerdien 2011.

Borngräber, Hans-Joachim: **Die Schweißarbeit und die Einarbeitung mit dem Fährtenschuh: Lehrbuch für alle Gebrauchshunderassen.** Kosmos, Stuttgart 2004.

Coppinger, Ray und Lorna: Hunde: **Neue Erkenntnisse über Herkunft, Verhalten und Evolution der Caniden.** Animal Learn, Bernau 2003.

Donaldson, Jean: **Hunde sind anders.** Kosmos, Stuttgart 2009.

Fallscheer, Ute: **Der Weg zum guten Hundeführer.** Oertel+Spörer, Reutlingen 2018.

Feddersen-Petersen, Dorit: **Ausdrucksverhalten beim Hund. Mimik und Körpersprache, Kommunikation und Verständigung.** Kosmos, Stuttgart 2004.

Feddersen-Petersen, Dorit: **Hundepsychologie. Sozialverhalten und Wesen, Emotion und Individualität.** Kosmos, Stuttgart 2004.

Frevert, Walter und Bergien, Karl: **Die Führung des Schweißhundes.** Kosmos, Stuttgart 2000.

Gansloßer, Udo: **Verhaltensbiologie für Hundehalter.** Kosmos, Stuttgart 2007.

Gröning, Pia C. und Ullrich, Ariane: **Antijagdtraining – Wie man Hunde vom Jagen abhält.** MenschHund Verlag, Zossen 2009.

Hartmann, Michael: **Patient Hund. Krankheiten erkennen, vorbeugen, behandeln.** 3. Auflage, Oertel+Spörer, Reutlingen 2021.

Kocher, Kevin und Robin: **The Kocher Method: How to Train a Police Bloodhound an Scent Discriminating Patrol Dog.** Inter-National Bloodhound Training Institute, Spotsylvania, Virginia 2010.

Kolbe, Katrin: **Wie Hunde lernen.** Oertel+Spörer, Reutlingen 2016.

McConnell, Patricia: D**as andere Ende der Leine – Was unseren Umgang mit Hunden bestimmt.** Kynos, Nerdien 2007.

Mc Connell, Patricia: **Liebst Du mich auch? Die Gefühlswelt bei Hund und Mensch.** Kynos, Nerdien 2007.

McDevitt, Leslie: **Stressfrei über alle Hürden.** Kynos, Nerdien 2012.

Miodragovic, Nina: **So denkt Ihr Hund mit: Der neue Weg zu Freude und Präzision im Hundesport.** Müller Rüschlikon, Stuttgart 2005.

Nehmet, Manuela: **Beschwichtigen, Drohen oder nur Spielen? Die Signale des Hundes richtig deuten.** Oertel+Spörer, Reutlingen 2017.

Nehmet, Manuela: **Shapen. Positive Verstärkung in der Hundeerziehung mit Markersignalen.** Oertel+Spörer, Reutlingen 2018.

O´Heare, James: **Die Neuropsychologie des Hundes.** Animal Learn, Bernau 2009.

Philips, Helen: **Clicker Gundog.** Learning about dogs Ltd. 2006.

Pietralla, Martin: **ClickerTraining für Hunde.** Kosmos, Stuttgart 2003.

Pietralla, Martin: **Mein Clickertraining: Vom positiven Umgang mit Hunden.** Kosmos, Stuttgart 2011.

Pietralla, Martin und Schöning, Barbara: **Clickertraining für Welpen.** Kosmos, Stuttgart 2002.

Pryor, Karen: **Positiv bestärken – sanft erziehen. Die verblüffende Methode, nicht nur für Hunde.** Kosmos, Stuttgart 1999.

Pryor, Karen: **Die Seele der Tiere erreichen. Erfolgreich kommunizieren mit positiver Verstärkung.** Kosmos, Stuttgart 2010.

Rauth-Widmann, Brigitte: **Welpen – Mit dem Hund durch das erste Jahr.** Oertel+Spörer, Reutlingen 2010.

Reichenbach, Uta: **Wie Hunde kommunizieren. Hundesprache richtig verstehen.** Oertel+Spörer, Reutlingen 2011.

Reichenbach, Uta und Lehari, Gabriele: **Der zuverlässige Begleithund. Von der Welpenerziehung bis zur Begleithundprüfung.** 4. Auflage, Oertel+Spörer, Reutlingen 2021.

Richter, Klaus: **Schweißarbeit.** Jagd- und Kulturverlag, Sulzberg 2004.

Rugaas, Turid: **Calming Signals. Die Beschwichtigungssignale der Hunde.** Animal Learn, Bernau 2001.

Schneider, Dorothée: **Die Welt in seinem Kopf: Über das Lernverhalten von Hunden.** Animal Learn, Bernau 2005.

Schöning, Barbara: **Hundeverhalten.** Kosmos, Stuttgart 2008.

Schöning, Barbara, Steffen, Nadja und Röhrs, Kerstin: **Hundesprache.** Kosmos, Stuttgart 2004.

Schöning, Barbara: **Hilfe mein Hund jagt. Jagdverhalten in die richtigen Bahnen lenken.** Kosmos, Stuttgart 2007.

Theby, Viviane und Peitz, Lisa: **Dummytraining Schritt für Schritt, Apportieren leicht gemacht.** Kynos, Nerdien 2007.

Theby, Viviane: **Verstärker verstehen.** Kynos, Nerdien 2011.

Weidt, Heinz und Berlowitz, Dina: **Das Wesen des Hundes.** Naturbuch, Augsburg 1998.

Werner, Tina: **Wellness für Hunde. Massage und Physiotherapie für jeden Tag.** 2. Auflage, Oertel+Spörer, Reutlingen 2016.

Winkler, Sabine: **Trainingsbuch Hundeerziehung: Das Training planen und umsetzen. Eigene Fähigkeiten verbessern.** Kosmos, Stuttgart 2006.

Winkler, Sabine: **Hundeerziehung: Sozialisierung, Ausbildung, Problemlösung.** Kosmos, Stuttgart 2009.

Zvolsky, Norma: **Die Kosmos Retrieverschule: Grunderziehung und Dummytraining.** Kosmos, Stuttgart 2009.